U0304861

沙拉凉拌菜的121种做法

甘智荣　主编

江苏凤凰科学技术出版社

图书在版编目（CIP）数据

沙拉凉拌菜的 121 种做法 / 甘智荣主编 . -- 南京 :
江苏凤凰科学技术出版社 , 2015.7（2020.3 重印）
（食在好吃系列）
ISBN 978-7-5537-4319-6

Ⅰ . ①沙… Ⅱ . ①甘… Ⅲ . ①沙拉 – 菜谱②凉菜 – 菜谱 Ⅳ . ① TS972.121

中国版本图书馆 CIP 数据核字 (2015) 第 065790 号

沙拉凉拌菜的121种做法

主　　编　甘智荣
责任编辑　葛　昀
责任监制　方　晨

出版发行　江苏凤凰科学技术出版社
出版社地址　南京市湖南路 1 号 A 楼，邮编：210009
出版社网址　http://www.pspress.cn
印　　刷　天津旭丰源印刷有限公司

开　　本　718mm×1000mm　1/16
印　　张　10
插　　页　4
字　　数　250 000
版　　次　2015年7月第1版
印　　次　2020年3月第2次印刷

标准书号　ISBN 978-7-5537-4319-6
定　　价　29.80元

序言

有一种美味，扮相与营养价值齐佳，不光口感清新，它的品相也能俘获你的心。沙拉的美妙之处在于，既可以最大限度地呈现食材的原味，又有着均衡的营养，而且，如果你是都市忙碌的上班族，每天困扰于吃饭问题，那沙拉就是你最好的选择!

谷物沙拉，多选用荞麦、米、面类，这些食材经过加工处理，制作成沙拉，食用方便，而且味道特别。最常见的是面食类，有猫耳面、粒粒面、通心面，还有鸡蛋面、荞麦面等。这类食材，无论是凉的还是热的，都很美味，而且还是健康的主食。

肉类沙拉，这是餐桌主菜，它能补充人体所需的蛋白质。鸡胸肉、牛肉富含蛋白质，能被人体快速吸收和高效利用，同时脂肪含量较少，我们可以适当地摄入一些。适当食用肉类沙拉，能增强免疫力，促进蛋白质的合成与分解，从而有助于紧张训练后身体的恢复，很适合上班族食用。

海鲜沙拉，是最常见的一种沙拉，其中鱼类与虾类最多，鱼肉中又以深海鱼为最佳选择。鱼肉中含有许多人体必需的多不饱和脂肪酸，可有效预防心脑血管疾病。

这些丰富的沙拉兼顾了三大营养素，总热量却不到一碗米饭的热量。在这个追求健康的年代，让我们拒绝油腻的食物，一起尝试健康的沙拉吧！只要掌握了做法，相信你在满足口腹欲的同时，也一定能达到健康的目的。

目录

01 谷物类沙拉

02
肉类沙拉

03

海鲜类沙拉

海鲜的选购及处理方法

海鲜的选购方法：

海鲜品种繁多，分为鱼、虾蟹、贝和其他海味四大类。海鲜是人类食物的重要来源之一，它不仅享有美味之名，更有滋补之功。大多数海鲜都可用于食疗。海鲜的烹饪方法多样，调制的菜以清爽新鲜为主，色泽美观。

食用海鲜中毒的事件时有发生，因此，在购买海鲜时，必须“用眼看、用手按、用鼻闻”，务必要谨慎小心。

用眼看：看鱼眼，眼睛呈透明无混浊状态，表示新鲜度高。再看鱼鳃是否紧贴，鱼表面是否有光泽。虾壳应与虾肉紧贴，虾身应完整、有弹力富光泽，壳色光亮。螃蟹及贝类海鲜外壳应富光泽，肢体硬实有弹性。鱿鱼、章鱼等则应皮光滑、爪弯曲、斑纹清晰。

用手按：用手按海鲜肉质，若肉质坚实有弹性，按着不会深陷，即表示新鲜。再看肉表面有无黏液，无黏液表示新鲜度高。

用鼻闻：用鼻子闻一闻，如果是一般海鲜特有的鲜味，表示新鲜。反之，若有腥臭与腐败之味则不要购买。

海鲜的清洗方法：

海鱼：吃前一定要洗净，去净鳞、腮及内脏，无鳞鱼可用刀刮去表皮上的污腻部分，因为这些部位往往是海鱼中污染成分的聚集地。

贝类：煮食前，应用清水将外壳洗擦干净，并浸养在清水中7～8小时，这样，贝类体内的泥沙及其他脏东西就会吐出来。

虾蟹：清洗并挑去虾线等，或用盐渍法，即用饱和盐水浸泡数小时后晾晒，食前用清水浸泡清洗后烹制。

鲜海蜇：新鲜的海蜇含水多，皮体较厚，还含有毒素，需用食盐加明矾盐渍 3 次，让其脱水 3 次，才能让毒素随水排尽。

干货：海鲜产品在干制的加工过程中容易产生一些有害物质，食用虾米、虾皮、鱼干前最好用水煮 15 ～ 20 分钟再捞出烹调食用。

海鲜的保存方法：

鱼贝类与陆上的动物不一样，鲜度非常容易下降，所以在选购时要特别注意鲜度，保存以前要做一些适当的处理。

生鲜贝类或冷冻食品，如果不妥善处理保存，很容易变质、腐败。所以，冷冻食品购买回家后，应立刻放入冰箱贮存。生鲜鱼贝类必须先做适当的处理，才可放入冰箱中贮存。

鱼类的处理方式是先将鳃、内脏和鱼鳞去除，以自来水充分洗净，再根据每餐的用量进行切割分装，最后再依序放入冰箱内贮存。

虾仁则可以先去除虾线，洗净后先用干布把虾仁擦干，加入味精及蛋白、太白粉、沙拉油浆好，放冰箱加以保存。而带壳的虾只需清洗净外表就可冷冻或冷藏。

蚌壳类买回后先以清水洗干净，再放入淡盐水中吐沙。冷冻的扇贝、孔雀贝等可直接放入冰箱冷冻或冷藏。

自制沙拉酱

沙拉酱是制作沙拉的点睛之笔。本节选取几种经典酱料,用简单的文字教您学会调制。

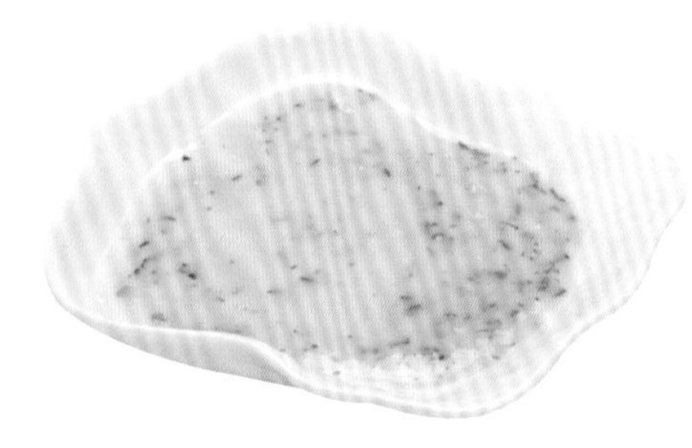

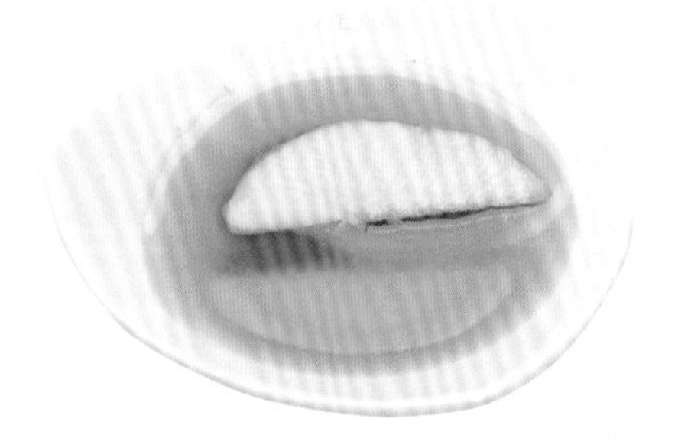

1 红酒沙拉酱

原材料：红酒醋 40 克，橄榄油 30 克

调味料：糖 6 克，盐 4 克，黑胡椒粉少许

做　法：所有材料混合均匀即可。

小窍门：橄榄油可用其他食用油代替。

应　用：适合用来搭配青菜，拌面也不错。

2 法式沙拉酱

原材料：沙拉油 20 克，红酒醋 15 克，法式芥末酱 10 克，洋葱 8 克，红椒粉、香菜各 5 克，牛高汤适量

调味料：糖、盐各 4 克，黑胡椒粉 2 克

做　法：洋葱、香菜均洗净，切碎，再与其他食材混合拌匀即可。

小窍门：牛高汤可用其他高汤代替。

应　用：适合用来搭配青菜，拌面也不错。

3 特制沙拉酱

原材料：辣椒油、洋葱末、蛋黄酱、醋、柠檬汁、番茄酱各适量

调味料：盐、辣椒粉、胡椒粉各 3 克

做　法：洋葱洗净，切末，与其他食材拌匀即可。

小窍门：可用少许蜂蜜增加风味。

应　用：可用于各类沙拉。

4 苹果沙拉酱

原材料：苹果醋 25 克，新鲜苹果块 30 克，柠檬汁 20 克，橄榄油 15 克

调味料：糖 10 克，盐 3 克

做　法：将原材料、调味料混合均匀即可。

小窍门：苹果使用之前最好用盐水泡一下，

这样不会变色。

应　用：适用于各种肉食、海鲜沙拉。

5 白酒沙拉酱

原材料：橄榄油、白酒醋各适量

调味料：盐、胡椒粉各 3 克

做　法：将盐、胡椒粉、橄榄油、白酒醋混合均匀即可。

小窍门：混合后冷藏一晚，可增加风味。

应　用：可用于搭配蔬菜或海鲜沙拉。

6 芥末清酒沙拉酱

原材料：西红柿 15 克，罗勒 20 克，橄榄油 30 克，巴米沙可 25 克

调味料：盐 3 克，胡椒粉 15 克

做　法：西红柿洗净，切丁；罗勒洗净，切碎；再将所有原材料、调味料混合均匀即可。

小窍门：罗勒要晚点放入，否则酱汁易变黑。

应　用：适用于各种肉食、海鲜沙拉。

7 芥末清酒沙拉酱

原材料：酸奶 30 克，奶酪适量，蓝莓酱 20 克，鲜蓝莓 15 克

调味料：白兰地 30 克

做　法：原材料与调味料混合均匀即可。

小窍门：蓝莓现用现切。

应　用：可作为沙拉酱。

8 芥末清酒沙拉酱

原材料：橄榄油、芝麻油各 50 克，红酒醋、雪莉酒醋各 8 克

调味料：盐、胡椒各适量

做　法：将红酒醋、雪莉酒醋混合，加入橄榄油和特调芝麻油，在加入调味料即可。

小窍门：特调芝麻油由核桃、大蒜、葡萄干、香料等混合而成。

应　用：适合用来搭配时蔬。

PART 1

谷物类沙拉

谷物沙拉含有少量脂肪，
大部分是不饱和脂肪，
不含胆固醇，属于完全有机食物，
比普通沙拉高出更多营养价值。

2 人份　初级入门　8 分钟

玉米黑豆沙拉

黑豆营养丰富，含有蛋白质、脂肪、维生素、微量元素等多种营养成分，同时又具有多种生物活性物质，如黑豆色素、黑豆多糖和异黄酮等。黑豆是高蛋白、低热量的食材，蛋白质含量高达 45% 以上，其优质蛋白含量大约比黄豆高出 1/4，居各种豆类之首；黑豆还含有丰富的维生素 E，能清除体内的自由基，减少皮肤皱纹，达到养颜美容的目的；此外，黑豆所含丰富的膳食纤维，可促进肠胃蠕动，预防便秘。

材 料 Ingredient

原料		调料	
鲜玉米粒	80克	食盐	适量
西红柿	100克	沙拉酱	适量
熟黑豆	150克	炼乳	适量

玉米粒

小贴士

- 用黑豆做沙拉时，一定要先将黑豆彻底煮熟，否则易引起肠胃不适。

西红柿

黑豆

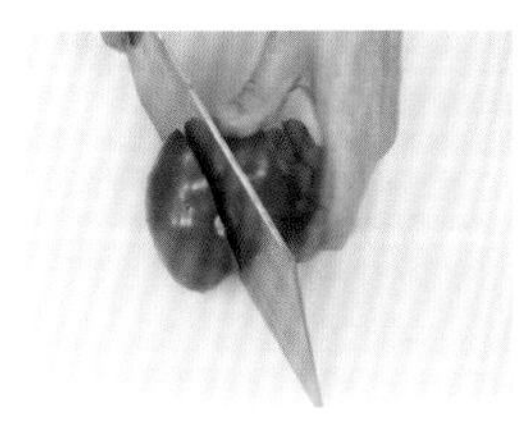

1 将洗净的西红柿对半切开。

2 再把西红柿蒂去除，切瓣，切成小块。

3 锅中加入约600毫升清水烧开。

4 加入适量的食盐，搅匀。

5 再倒入洗净的玉米粒，煮约2分钟。

6 把煮熟的玉米粒捞出沥干，备用。

7 取一个干净的玻璃碗，倒入熟黑豆。

8 再放入煮好的玉米粒。

9 再加入切好的西红柿。

10 再加沙拉酱、炼乳。

11 再加入食盐，然后把所有材料彻底搅拌均匀。

12 将拌好的材料盛入盘中即可。

2人份 初级入门 6分钟

玉米四色沙拉

玉米含蛋白质、糖类、钙、磷、铁、硒、镁、胡萝卜素、维生素E等。玉米有开胃益智、宁心活血、调中理气等功效，还能降低脂血，对于高脂血症、动脉硬化、心脏病等患者有助益，并可延缓人体衰老、预防脑功能退化、增强记忆力。玉米富含维生素C，有美容的作用。玉米胚尖所含的营养物质有促进人体新陈代谢、调整神经系统功能，能使皮肤细嫩光滑，有延缓皱纹产生的作用，对痘痘肌肤也有相应的调节作用。

材 料 Ingredient

原料		调料	
鲜玉米	100克	沙拉酱	25克
西红柿	150克	炼乳	10克
洋葱	10克	食盐	适量
芹菜	50克		

小贴士

- 玉米粒不宜生食，食用前一定要汆水至熟。

玉米

西红柿

洋葱

芹菜

1 将洗净的芹菜切成粒。

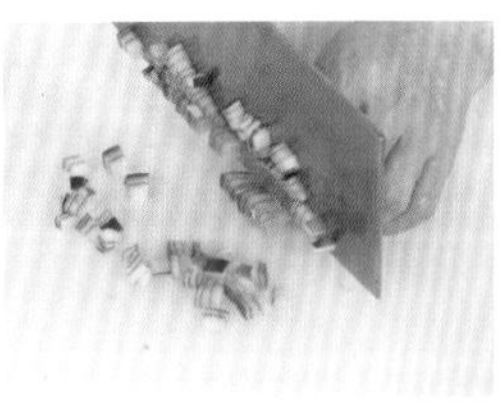

2 将去皮洗净的洋葱先切条，再切成丁。

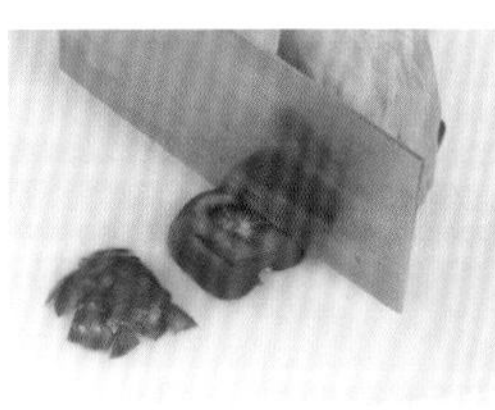

3 将洗净的西红柿先切厚片,再切条,然后切成丁。

4 锅中加入约600毫升清水烧开，加少许食盐。

5 放入玉米粒，煮约1分钟。

6 再加入芹菜、洋葱,再煮半分钟。

7 捞出煮好的材料。

8 将芹菜、洋葱、玉米粒盛入碗中。

9 再放入切好的西红柿。

10 加入适量沙拉酱、炼乳。

11 所有材料充分拌匀。

12 将拌好的材料盛出装盘即可。

1人份　初级入门　5分钟

西红柿红腰豆沙拉

红腰豆含丰富的维生素A、B族维生素、维生素C及维生素E，也含丰富的铁和钾等矿物质，有补血、增强免疫力、促进细胞修复及防衰老等功效。

材料 Ingredient

原料

西红柿	60克
红腰豆	20克
黄瓜	20克

调料

橄榄油	适量
奶酪块	适量
食盐	适量
白糖	适量
醋	适量

做法 Recipe

1. 西红柿洗净，切小块。
2. 黄瓜洗净，切小块。
3. 红腰豆洗净，放入锅里，倒入水，煮熟。
4. 取一小碟，加入橄榄油、食盐、白糖和醋，拌匀，调成料汁。
5. 取一盘，放入西红柿、黄瓜、奶酪块和红腰豆，加入料汁，拌匀即可。

小贴士

- 急性肠炎、菌痢及溃疡患者不宜食用西红柿。

西红柿

红腰豆

黄瓜

1人份　初级入门　10分钟

奶酪通心粉沙拉

西红柿含有丰富的钙、磷、铁、胡萝卜素及B族维生素和维生素C，生熟皆能食用，味微酸。西红柿能生津止渴、健胃消食，对食欲不振有很好的辅助治疗作用。

材料 Ingredient

原料

奶酪片	10克
通心粉	120克
西红柿	20克
芝麻菜	少许

调料

沙拉酱	适量

做法 Recipe

1. 取一锅，倒入水，放入通心粉煮熟，沥干水分。
2. 西红柿洗净，去皮，切片。
3. 芝麻菜洗净，沥干水分。
4. 取一碗，盛入以上所有食材。
5. 将沙拉酱淋入食材里拌匀。
6. 饰以奶酪片即可。

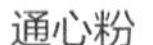

通心粉

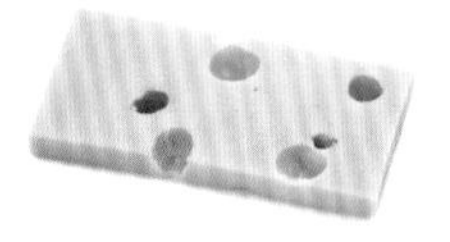

奶酪片

芝麻菜

2 人份　初级入门　8 分钟

豌豆鸡蛋沙拉

南瓜含有丰富的钴，钴能加速人体的新陈代谢，促进造血功能，并参与人体内维生素 B_{12} 的合成，是人体胰岛细胞合成胰岛素所必需的微量元素，对防治糖尿病、降低血糖有特殊的疗效。

材 料 Ingredient

原料

豌豆	50克
熟鸡蛋	1个
南瓜	50克
玉米粒	50克
白萝卜	少许
莳萝	少许

调料

橄榄油	适量
食盐	适量
醋	适量

做 法 Recipe

1. 熟鸡蛋，去壳，对切。
2. 豌豆、玉米粒洗净，焯熟。
3. 白萝卜洗净，切条，焯水。
4. 南瓜去皮，切丁，焯熟。
5. 将以上所有食材盛入盘里。
6. 加入橄榄油、食盐和醋，拌匀，饰以莳萝即可。

小贴士

- 要选择个体结实，表皮无破损、无虫蛀的南瓜。

1人份　初级入门　10分钟

通心粉生菜沙拉

生菜嫩茎中的白色汁液有催眠的作用。因生菜有通乳、下乳的功效，妇女产后缺乳或乳汁不通可多吃生菜。小便不畅或尿中带血，可将新鲜生菜叶捣成泥后，敷于肚脐上，治疗效果非常明显。

材料 Ingredient

原料

通心粉	100克
生菜	20克
黑橄榄	10克
洋葱圈	少许
西红柿丁	少许

调料

沙拉酱	适量
奶酪碎	少许

做法 Recipe

1. 取一锅，倒入水烧开，放入通心粉煮熟，沥干水分。
2. 生菜择洗干净，沥干水分。
3. 取一盘，盛入通心粉、生菜、黑橄榄、洋葱圈、奶酪碎、西红柿丁。
4. 将沙拉酱淋入食材里拌匀即可。

小贴士

- 不要食用过夜的熟生菜，以免亚硝酸食盐中毒。

1 人份　初级入门　15 分钟

藜麦沙拉

藜麦含有人体必需的 8 种氨基酸、丰富的 B 族维生素和铁、磷、镁、锌等矿物质，其中赖氨酸含量高于小麦一倍多。藜麦沙拉是一种营养全面且瘦身效果较好的食品。

材料 Ingredient

原料

藜麦	120克
红椒	适量
黄瓜	适量
黑橄榄	适量

调料

橄榄油	20毫升
黑胡椒粉	少许
食盐	少许
醋	少许

做法 Recipe

1. 红椒和黄瓜洗净，切块；黑橄榄洗净，去核。
2. 藜麦洗净，焯熟，沥干水分，装入玻璃碗中。
3. 取一小碟，加入橄榄油、黑胡椒粉、食盐和醋，拌匀，调成料汁。
4. 将料汁淋在藜麦中，加入红椒、黄瓜、黑橄榄，拌匀即可。

小贴士

- 藜麦尤其适宜高血糖、高血压、高脂血症、心脏病等慢性病患者食用。

1人份　初级入门　6分钟

藜麦樱桃沙拉

梨水分充足，富含多种维生素、矿物质和微量元素，能够帮助器官排毒、净化，还能软化血管、促进血液循环和钙质的输送、维持机体的健康。

材 料 Ingredient

原料

藜麦	100克
樱桃	20克
梨	20克
上海青	20克

调料

橄榄油	适量
食盐	适量
白糖	适量
醋	适量

做 法 Recipe

1. 藜麦洗净，焯熟，沥干水分。
2. 梨洗净，切片。
3. 樱桃洗净，摘掉蒂。
4. 上海青洗净，沥干水分。
5. 取一盘，装入以上所有食材。
6. 加入橄榄油、食盐、白糖和醋，拌匀即可。

小贴士

- 应选表皮光滑、无孔洞虫蛀、无碰撞的梨，且要能闻到果香。

1人份 初级入门 8分钟

西红柿玉米沙拉

藜麦富含多种氨基酸、矿物质，富含不饱和脂肪酸、类黄酮、B族维生素和维生素E等。

材 料 Ingredient

原料

西红柿	1个
鲜玉米粒	10克
藜麦	10克
罗勒叶	少许

调料

橄榄油	适量
食盐	适量
橄榄	适量
醋	适量

做 法 Recipe

1. 西红柿洗净，切去顶部，挖空。
2. 藜麦洗净，放入热水中煮软，捞出沥干水分。
3. 玉米粒焯熟。
4. 将藜麦、玉米粒及橄榄放入西红柿壳里，加入橄榄油、食盐和醋，拌匀。
5. 将罗勒叶摆成花瓣形做装饰，将西红柿放在上面即可。

小贴士

- 玉米棒可风干水分保存；剥落的玉米粒应于密封容器中，置于通风、阴凉、干燥处保存。

1人份　初级入门　10分钟

通心粉甜菜根沙拉

甜菜根中含有碘，对预防甲状腺肿大以及动脉粥样硬化都有一定疗效。甜菜根中还含有相当数量的镁元素，有调节软化血管的硬化强度和阻止形成血栓的食疗功效，对防治高血压有重要作用。

材料 Ingredient

原料

通心粉	100克
甜菜根	50克
莳萝	少许

调料

橄榄油	适量
奶酪碎	适量
食盐	适量
白糖	适量
醋	适量
红酒	适量
奶油	适量

做法 Recipe

1. 取一锅，倒入水，放入通心粉煮熟。
2. 甜菜根去皮，蒸熟，捣烂，加入红酒、奶油和白糖，调成甜酱。
3. 莳萝洗净。
4. 将甜酱拌入通心粉里，加入橄榄油、奶酪碎、食盐和醋拌匀，放入莳萝点缀即可。

小贴士

- 一般人群均可食用甜菜根。

美食攻略

一定要将通心粉煮至完全熟透，不然口感欠佳。

通心粉

甜菜根

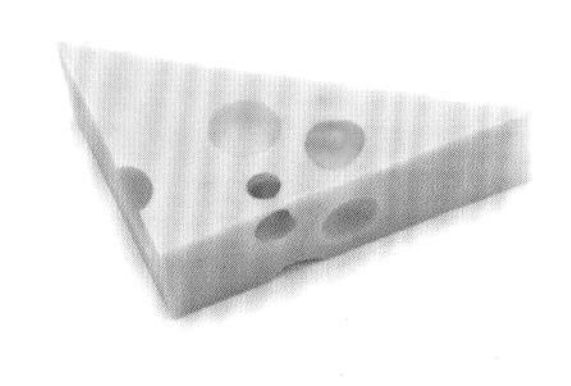
奶酪

2 人份　初级入门　10 分钟

玉米燕麦沙拉

玉米中所含的硒和镁有防癌抗癌的作用，硒能加速体内过氧化物的分解，使恶性肿瘤得不到分子氧的供应而受到抑制。镁一方面也能抑制癌细胞的发展，另一方面能促使体内废物排出体外，这对防癌也有重要意义。

材料 Ingredient

原料

鲜玉米粒	50克
燕麦	50克
西红柿	50克
黄瓜	30克

调料

沙拉酱	20克
食盐	适量
酱油	适量
醋	适量

做法 Recipe

1. 取一锅，倒入水，放入玉米粒，煮熟，取出。
2. 西红柿洗净，切丁。
3. 黄瓜洗净，切丁。
4. 燕麦放入锅里，炒熟。
5. 取一碗，放入以上所有食材。
6. 拌入沙拉酱，加入食盐、酱油和醋，拌匀即可。

小贴士

- 玉米发霉后能产生致癌物黄曲霉毒素，所以绝不能食用。

2 人份　初级入门　5 分钟

甜菜根豌豆沙拉

萝卜有杀菌、增进食欲和抑制血小板凝集等作用。萝卜中含有大量膳食纤维和丰富的淀粉分解酶等消化酶，能够有效促进食物的消化和吸收。

材料 Ingredient

原料

甜菜根	50克
豌豆	20克
胡萝卜	50克
白萝卜	50克
小葱	50克

调料

橄榄油	适量
柠檬汁	适量
食盐	适量
白糖	适量
醋	适量

做法 Recipe

1. 甜菜根去皮，切丁。
2. 胡萝卜洗净，切丁。
3. 白萝卜洗净，切丁。
4. 小葱洗净，部分切葱花。
5. 豌豆洗净，取一锅，放入豌豆焯熟。
6. 取一玻璃碗，放入以上所有食材。
7. 取一小碟，加入橄榄油、柠檬汁、食盐、白糖和醋，拌匀，调成料汁。
8. 将料汁倒入食材里，撒上葱花拌匀，饰以小葱即可。

小贴士

- 萝卜为寒凉性蔬菜，阴盛偏寒体质者、脾胃虚寒者不宜多食。

1 人份　初级入门　5 分钟

甜玉米西红柿沙拉

玉米中还含有一种长寿因子谷胱甘肽，它在硒的参与下，生成谷光甘肽氧化酶，具有恢复青春，延缓衰老的功能。

材 料 Ingredient

原料

甜玉米粒	100克
西红柿	20克
青椒	适量
黄瓜	适量
小菠菜叶	适量

调料

橄榄油	适量
柠檬汁	适量
食盐	适量
醋	适量

做 法 Recipe

1. 甜玉米粒洗净，焯熟。
2. 西红柿洗净，切小瓣。
3. 青椒洗净，切丁。
4. 黄瓜洗净，切丁。
5. 将以上食材装入碗里。
6. 加入橄榄油、柠檬汁、食盐和醋，拌匀。
7. 饰以小菠菜叶即可。

小贴士

- 吃玉米时可将玉米粒的胚尖全部吃进，因为玉米的许多营养都集中在胚尖。

1人份　初级入门　6分钟

胡萝卜豌豆沙拉

豌豆的蛋白质不仅含量丰富，还包括了人体所必需的8种氨基酸。豌豆含有的丰富的维生素C，不仅能抗坏血病，还能阻断人体中亚硝胺合成，阻断外来致癌物的活化，解除外来致癌物的致癌毒性，提高免疫功能。

材料 Ingredient

原料

胡萝卜	100克
豌豆	20克

调料

橄榄油	适量
食盐	适量
醋	适量

做法 Recipe

1. 胡萝卜洗净，切片，焯熟。
2. 豌豆洗净，焯熟。
3. 将胡萝卜、豌豆装入碗里，加入橄榄油、食盐和醋，拌匀即可。

小贴士

- 豌豆用膜袋装好，扎口，装入有盖容器，置于阴凉、干燥、通风处保存。

1人份　初级入门　5分钟

小西红柿奶酪饭沙拉

大米是提供B族维生素的主要来源，是预防脚气病、消除口腔炎症的重要食材；米粥具有补脾、和胃、清肺的功效；米汤有益气、养阴、润燥的功能，能刺激胃液的分泌，有助于消化，并对脂肪的吸收有促进作用。

材料 Ingredient

原料

小西红柿	50克
熟米饭	100克
黑橄榄	少许
薄荷叶	少许

调料

奶酪	20克
橄榄油	适量
香草碎	适量
食盐	适量
白糖	适量
醋	适量

做法 Recipe

1. 熟米饭打散，装入碗里。
2. 小西红柿洗净，对切。
3. 奶酪切小块。
4. 黑橄榄洗净，去核，对切。
5. 以上所有食材盛入碗内，加入橄榄油、香草碎、食盐、白糖、醋，拌匀。
6. 饰以薄荷叶即可。

小贴士

- 大米应由木质有盖容器装盛，置于阴凉、干燥、通风处保存。

美食攻略

做大米粥时，千万不要放碱，碱能破坏大米中的维生素B_1。

小西红柿

奶酪

黑橄榄

1人份　初级入门　6分钟

玉米笋豌豆沙拉

玉米笋是一种低热度、高纤维素、无胆固醇的优质蔬菜，其脂肪含量低，而蛋白质含量高，还含有多种人体必需的氨基酸。玉米笋还可以促进肠胃蠕动，消除水肿。

材 料 Ingredient

原料

玉米笋	50克
豌豆	50克
红腰豆	20克
洋葱	20克
南瓜	20克
罗勒叶	适量

调料

橄榄油	适量
黑胡椒粉	适量
食盐	适量
白糖	适量
醋	适量

做 法 Recipe

1. 玉米笋洗净，焯熟。
2. 豌豆洗净，煮熟。
3. 红腰豆洗净，煮熟。
4. 洋葱洗净，切丝。
5. 南瓜洗净，切丁，煮熟。
6. 取一碗，装入以上所有食材。
7. 加入橄榄油、黑胡椒粉、食盐、白糖、醋，拌匀。
8. 饰以罗勒叶即可。

小贴士

- 肠胃不好或便秘者尤其适合食用玉米笋，对改善病症有好处。

1人份　初级入门　15分钟

鹰嘴豆橄榄沙拉

鹰嘴豆属于高营养豆类植物，富含多种植物蛋白和多种氨基酸、维生素、粗纤维及钙、镁、铁等成分。此外籽粒中还含腺嘌呤、胆碱、肌醇、淀粉、蔗糖、葡萄糖等。

材料 Ingredient

原料

鹰嘴豆	100克
彩椒	50克
洋葱	20克
芹菜叶	少量

调料

橄榄油	适量
食盐	适量
白糖	适量
醋	适量

做法 Recipe

1. 鹰嘴豆浸泡，将其煮熟透。
2. 彩椒洗净，切小块。
3. 洋葱洗净，切丝。
4. 取一碗，装入以上所有食材。
5. 加入橄榄油、食盐、白糖和醋，拌匀。
6. 饰以芹菜叶即可。

小贴士

- 彩椒宜鲜食，不提倡储藏，可炒食或涮火锅。彩椒不宜炒制过久，以免营养流失过多。

1人份　初级入门　10分钟

通心粉芦笋沙拉

芦笋嫩茎中含有丰富的蛋白质、维生素、矿物质和人体所需的微量元素，能提高人体免疫力。

材 料 Ingredient

原料

通心粉	100克
芦笋	50克
小西红柿	20克
芝麻菜	适量

调料

橄榄油	适量
食盐	适量
醋	适量

做 法 Recipe

1. 通心粉放入开水中煮熟，捞出放凉。
2. 芦笋放入开水中焯熟，捞出沥干水分。
3. 芝麻菜洗净，沥干水分；小西红柿切小瓣。
4. 将以上所有食材装入碗里。
5. 取一小碟，加入橄榄油、食盐和醋，拌匀，调成料汁。
6. 将料汁淋在沙拉里，拌匀即可。

小贴士

- 做沙拉的蔬菜若冷藏保鲜可先用开水煮一分钟，晾干后装入保鲜膜袋中扎口放入冷冻柜中，食用时取出即可。

1人份 初级入门 15分钟

通心粉小西红柿沙拉

通心粉的种类很多，一般都是选用淀粉质丰富的粮食经粉碎、胶化、加味、挤压、烘干而制成各种各样口感良好、风味独特的面类食品。

材料 Ingredient

原料

通心粉	200克
小西红柿	20克
熏火腿	20克
葱花	少许
罗勒叶	少许

调料

沙拉酱	适量
食盐	适量
醋	适量

做法 Recipe

1. 通心粉煮熟，捞出放凉，装入碗里。
2. 熏火腿切片。
3. 小西红柿洗净，对切。
4. 葱花洗净。
5. 将沙拉酱和葱花拌入通心粉，加入食盐和醋拌匀。
6. 碗内放入熏火腿、小西红柿，饰以罗勒叶即可。

小贴士

- 熏火腿的味道很好，但不宜多吃。

1人份　初级入门　10分钟

通心粉香葱沙拉

香葱所含果胶，可明显地减少结肠癌的发生，有抗癌作用，葱内的蒜辣素也可以抑制癌细胞的生长。

材料 Ingredient

原料

通心粉	100克
香葱	少许
小西红柿	50克
熏火腿	20克
白萝卜	少许
罗勒叶	少许

调料

橄榄油	适量
食盐	适量
醋	适量

做法 Recipe

1. 通心粉煮熟，沥干水分。
2. 小西红柿洗净，对切。
3. 香葱洗净，切成葱花。
4. 白萝卜洗净，切丝，焯熟；熏火腿切片。
5. 取一盘，装入以上所有食材。
6. 放入橄榄油、食盐、醋拌匀，饰以罗勒叶即可。

小贴士

- 在挑选白萝卜时，以根形圆整、表皮光滑者为优。

1人份　初级入门　15分钟

螺丝粉沙拉

小西红柿含有苹果酸、柠檬酸等有机酸，能促使胃液分泌，加速脂肪及蛋白质的消化。

材料 Ingredient

原料

螺丝粉	100克
小西红柿	20克
芝麻菜	适量

调料

橄榄油	适量
胡椒粉	适量
奶酪	适量
食盐	适量
醋	适量

做法 Recipe

1. 取一锅，倒入水烧开，放入螺丝粉煮熟，过冷水装盘。
2. 小西红柿洗净，对切。
3. 取一小碟，加入胡椒粉、橄榄油、食盐和醋，拌匀，调成料汁。
4. 将料汁拌入煮熟的螺丝粉中，加入奶酪。
5. 将小西红柿放入盘内，饰以芝麻菜即可。

小贴士

- 挑选小西红柿时，要选颜色粉红、浑圆，表皮有白色的小点点，感觉表面有一层淡淡的粉一样，捏起来较软的。

1人份　初级入门　12分钟

豌豆胡萝卜鸡蛋沙拉

胡萝卜是一种质脆味美、营养丰富的家常蔬菜。中医认为它可以补中气、健胃消食、壮元阳、安五脏，辅助治疗消化不良、久痢、咳嗽、夜盲症等有较好疗效，被誉为“东方小人参”。

材 料 Ingredient

原料

豌豆	70克
胡萝卜	50克
熟鸡蛋	1个
玉米粒	少许
西芹碎	少许

调料

沙拉酱	15克
食盐	少许
橄榄油	少许

做 法 Recipe

1. 豌豆、玉米粒洗净，放入锅中煮至熟透。
2. 胡萝卜洗净，切丁后焯水。
3. 熟鸡蛋去壳，对半切开。
4. 将豌豆、胡萝卜、鸡蛋、玉米粒、西芹碎放入碗中，加少许食盐、橄榄油，放入沙拉酱拌匀即可。

小贴士

- 豌豆多食会发生腹胀，易产气，慢性胰腺炎患者忌食。

1人份　初级入门　12分钟

鸡蛋豌豆沙拉

芹菜含铁量较高，是缺铁性贫血患者的佳蔬。芹菜有辅助治疗高血压及其并发症的功效，对于血管硬化、神经衰弱患者亦有辅助食疗作用。芹菜的叶、茎含有挥发性物质，别具芳香，能增强人的食欲。芹菜汁还有降血糖作用。

材料 Ingredient

原料

熟鸡蛋	1个
豌豆	80克
芹菜叶	适量

调料

橄榄油	适量
食盐	适量
白糖	适量
醋	适量

做法 Recipe

1. 豌豆洗净，焯熟。
2. 熟鸡蛋剥皮，切小块。
3. 取一玻璃碗，将以上食材装入碗里。
4. 加入橄榄油、食盐、白糖和醋，拌匀。
5. 饰以芹菜叶即可。

小贴士

- 芹菜不宜长期保存，将其用保鲜膜包紧，放入冰箱中可储存2～3天。

1人份　新手尝试　6分钟

通心粉青提沙拉

葡萄营养丰富，味甜可口，主要含有葡萄糖成分，极易被人体吸收，同时还富含矿物质元素和维生素。

材料 Ingredient

原料

通心粉	100克
青提	50克
红椒	少许
胡萝卜	少许
芝麻菜	少许

调料

橄榄油	适量
食盐	适量
白糖	适量
醋	适量

做法 Recipe

1. 通心粉煮熟，沥干水分。
2. 青提洗净，对半切开。
3. 红椒洗净，切条。
4. 胡萝卜洗净，雕成花，焯熟。
5. 取一盘，装入通心粉、青提。
6. 加入橄榄油、食盐、白糖和醋，拌匀。
7. 饰以芝麻菜、胡萝卜花、红椒即可。

小贴士

- 葡萄需一粒一粒剪下，放入清水中浸泡洗净。

2 人份　初级入门　5 分钟

通心粉生菜沙拉

紫叶生菜极富营养价值，它含有花青素、胡萝卜素、维生素 E，还含有丰富的矿物质，如磷、钙、钾、镁等。有助于人体消化，刺激胆汁的形成，促进血液循环、利尿、镇静、安眠，防止肠内堆积废物，并有抗衰老和抗癌的功能。

材料 Ingredient

原料

通心粉	100克
紫叶生菜	20克
小西红柿	2个
黑橄榄	3个
青椒	10克

调料

橄榄油	少许
胡椒粉	少许
食盐	少许
酱油	少许
醋	少许

做法 Recipe

1. 小西红柿洗净，对半切开。
2. 青椒洗净，切条。
3. 黑橄榄洗净，去核。
4. 紫叶生菜洗净。
5. 通心粉煮熟放凉。
6. 所有食材放入盘中，加橄榄油、胡椒粉、食盐、酱油和醋拌匀即可。

小贴士

- 尿频、胃寒的人应少食紫叶生菜。

1人份　初级入门　5分钟

薏米红腰豆沙拉

红腰豆是豆类中营养含量较为丰富的一种，它含丰富的维他命A、维他命B、维他命C及维他命E，也含丰富的抗氧物、蛋白质、食物纤维及铁质、镁、磷等多种营养素，有补血、增强免疫力、帮助细胞修补及防衰老等功效。

材料 Ingredient

原料

熟薏米	100克
红腰豆	20克
小西红柿	4个
豌豆	10克
青菜	适量

调料

橄榄油	少许
食盐	少许
醋	少许

做法 Recipe

1. 小西红柿洗净，对半切开；红腰豆煮熟；豌豆洗净，焯熟。
2. 青菜洗净，铺在碗底。
3. 熟薏米打散。
4. 熟薏米、小西红柿、红腰豆和豌豆放入碗里，加入橄榄油、食盐和醋，拌匀即可。

小贴士

- 红腰豆要煮至全熟才可食用。

1人份　初级入门　15分钟

酱汁通心粉沙拉

奶酪是含钙最多的乳制品，而且这些钙很容易被人体吸收。奶酪能增强人体抵抗疾病的能力，促进代谢，增强活力，保护眼睛健康，保持肌肤健美。奶酪有利于维持人体肠道内正常菌群的稳定和平衡，防治便秘和腹泻。

材料 Ingredient

原料

通心粉	200克
芝麻菜	适量
独行菜	适量
西红柿	适量

调料

番茄酱	适量
干奶酪块	适量

做法 Recipe

1. 通心粉放开水中煮熟，捞出放凉，装入碗里。
2. 芝麻菜和独行菜洗净，沥干水分。西红柿洗净，切块。
3. 将番茄酱拌入通心粉里。
4. 再加入干奶酪块，饰以芝麻菜、西红柿和独行菜即可。

小贴士

- 奶酪打开包装后应尽快食用完。

2 人份　初级入门　10 分钟

燕麦杂蔬沙拉

黄瓜的主要成分为葫芦素，具有抗肿瘤的作用，对血糖也有很好的降低作用。它含水量高，是美容的瓜菜，经常食用可起到延缓皮肤衰老、减肥的功效。它还含有维生素 B_1 和维生素 B_2，可以防止口角炎、唇炎，还可润滑肌肤。

材料 Ingredient

原料

燕麦	100克
小西红柿	2个
胡萝卜	10克
熟牛肉	10克
奶酪	10克
豆芽	5克
黄瓜	5克
香菜	少许

调料

橄榄油	10毫升
食盐	适量
醋	适量

做法 Recipe

1. 小西红柿洗净，对切。
2. 胡萝卜洗净，切条。
3. 黄瓜洗净，一部分切丁，一部分切条。
4. 奶酪切块。
5. 豆芽洗净，焯熟。
6. 香菜择洗干净，沥干水分。
7. 燕麦放入锅内炒熟。
8. 取一盘，放入以上所有食材及熟肉。
9. 加入橄榄油、食盐和醋，拌匀即可。

小贴士

- 黄瓜是糖尿病患者首选的食品之一。

燕麦

黄瓜

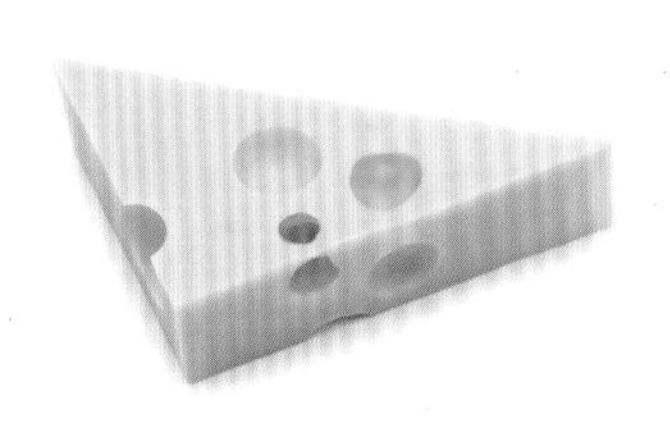

奶酪

1 人份　初级入门　25 分钟

红腰豆沙拉

红腰豆是豆类中营养较为丰富的一种，含丰富的维生素，也含丰富的抗氧物、蛋白质、膳食纤维及铁质、镁、磷等多种营养素，有补血、增强免疫力、促进细胞修复及防衰老等功效。

材 料 Ingredient

原料

红腰豆	20克
鹰嘴豆	20克
腰果	20克
生菜	5克
香菜	5克

调料

沙拉酱	适量
食盐	适量
白糖	适量
醋	适量

做 法 Recipe

1. 取一锅，倒入水，将红腰豆泡开，加入白糖、醋、食盐煮熟。
2. 鹰嘴豆浸泡，煮软，熟透捞起。
3. 将腰果放入开水中煮，捞起，用冷水冲一下。
4. 将红腰果、鹰嘴豆、腰果装入碗里。
5. 加入沙拉酱、白糖、食盐和醋，拌匀，用洗净的香菜点缀即可。

小贴士

- 红腰豆应煮至熟透，否则食用后易引起肠胃不适。

1人份　初级入门　10分钟

通心粉苹果沙拉

苹果中含有多种维生素、矿物质、糖类、脂肪等，是大脑发育所必需的营养成分。苹果中的膳食纤维，对儿童的生长发育有益；苹果中的锌对加强儿童的记忆有益。

材料 Ingredient

原料

通心粉	100克
苹果	20克
金橘	20克
生菜	10克

调料

橄榄油	适量
食盐	适量
白糖	适量
奶酪碎	适量
胡椒粉	适量
醋	适量

做法 Recipe

1. 取一锅，倒入水，烧开后放入通心粉煮熟，沥干水分。
2. 金橘去皮，分小瓣。
3. 苹果洗净，去核，切瓣。
4. 生菜洗净，平铺在盘底。
5. 取一盘，装入以上所有食材。
6. 加入橄榄油、食盐、醋、白糖、奶酪碎和胡椒粉，拌匀即可。

小贴士

- 苹果中的酸物质能腐蚀牙齿，吃完苹果后最好漱漱口。

1人份　初级入门　6分钟

玉米豌豆沙拉

玉米中含有一种特殊的抗癌物质——谷胱甘肽，它进入人体内可与多种致癌物质结合，使其失去致癌性；其所含的微量元素镁也具有抑制癌细胞生长和肿瘤组织发展的作用。

材 料 Ingredient

原料

玉米	50克
豌豆	50克
西红柿	50克
罗勒叶	少许

调料

橄榄油	适量
食盐	适量
白糖	适量
醋	适量

做 法 Recipe

1. 玉米棒洗净，蒸熟，去芯，切小块。
2. 豌豆洗净，煮熟。
3. 西红柿洗净，切片。
4. 取一小碟，加入橄榄油、食盐、白糖和醋，拌匀，调成料汁。
5. 将料汁淋在食材上，饰以罗勒叶即可。

小贴士

- 购买玉米时要看根，根部点过农药的玉米，会是黑的，根部白色为宜，如果根被削掉了，最好也不要买。

1人份　初级入门　7分钟

红腰豆眉豆沙拉

眉豆含有易于消化吸收的优质蛋白蛋，适量的碳水化合物及多种维生素、微量元素等，能够有效地补充机体的营养成分，提高免疫力。

材 料 Ingredient

原料

红腰豆	50克
眉豆	50克
鹰嘴豆	50克
椰子肉	20克
猕猴桃	20克
彩椒	少许
葱花	少许

调料

橄榄油	适量
食盐	适量
醋	适量

做 法 Recipe

1. 眉豆、红腰豆、鹰嘴豆均洗净，焯熟。
2. 椰子肉切小块。
3. 猕猴桃洗净，去皮，切小块。
4. 彩椒洗净，切小块。
5. 所有食材放入碗中，加入橄榄油、食盐和醋拌匀，撒上葱花即可。

小贴士

- 眉豆多食则性滞，故气滞便结者应慎食眉豆。

1 人份　初级入门　10 分钟

炸豆腐沙拉

豆腐的蛋白质含量比大豆高，且豆腐蛋白属完全蛋白，不仅含有人体必需的 8 种氨基酸，且其比例也接近人体需要，营养价值较高。豆腐还含有脂肪、碳水化合物、维生素和矿物质等。

材 料 Ingredient

原料

豆腐　100克
西红柿　20克
葱花　少许

调料

橄榄油　少许
醋汁　少许

做 法 Recipe

1. 豆腐洗净，切方块。
2. 西红柿洗净，切片。
3. 取一锅，倒入适量橄榄油，将豆腐炸成淡黄色。
4. 取一玻璃碗，将豆腐装入碗里。
5. 将醋汁淋在豆腐上，撒上葱花，饰以西红柿即可。

小贴士

- 豆腐本身的颜色是微黄色，如果色泽过于洁白，有可能添加了漂白剂，不宜选购。

1人份　初级入门　5分钟

荞麦面包沙拉

柠檬汁中含有大量柠檬酸食盐，能够抑制钙食盐结晶，从而阻止肾结石形成，甚至已经形成的结石也可以被溶解。所以食用柠檬能防治肾结石，使部分慢性肾结石患者的结石减少、变小。

材料 Ingredient

原料

荞麦面包	100克
黄瓜	50克
生菜	50克
西红柿	少许
柠檬	少许
黑芝麻	少许

调料

柠檬汁	适量
白糖	适量
醋	适量

做法 Recipe

1. 将黄瓜、西红柿和柠檬洗净，切片。
2. 荞麦面包切块。
3. 生菜择洗干净，取一碗，铺在碗底。
4. 将所有食材放入碗里。
5. 加入柠檬汁、白糖和醋，撒上黑芝麻，拌匀即可。

小贴士

- 购买柠檬时要闻柠檬是否有一种淡淡的柠檬自然的味道。超市里的柠檬一般都会打蜡，用手轻轻搓下，如果有比较自然的柠檬味，那就是新鲜的柠檬，没熟的没有味道。

2 人份　初级入门　6 分钟

豌豆南瓜沙拉

南瓜所含的果胶可以保护肠胃道黏膜免受粗糙食品刺激，促进溃疡面愈合，适宜胃病患者食用。南瓜能促进胆汁分泌，加强肠胃蠕动，促进食物消化。

材料 Ingredient

原料

豌豆	150克
南瓜	50克
冰淇凌	50克
芹菜叶	适量

调料

橄榄油	适量
食盐	适量
白糖	适量

做法 Recipe

1. 豌豆洗净，焯熟。
2. 南瓜洗净，切丁，焯熟。
3. 取一玻璃碗，倒入冰淇凌。
4. 再放入豌豆、南瓜。
5. 加入橄榄油、食盐、白糖，拌匀。
6. 饰以芹菜叶即可。

小贴士

- 南瓜营养丰富，特别适合炖食。

美食攻略

豌豆适合与富含氨基酸的食物一起烹调，可以明显提高豌豆的营养价值。

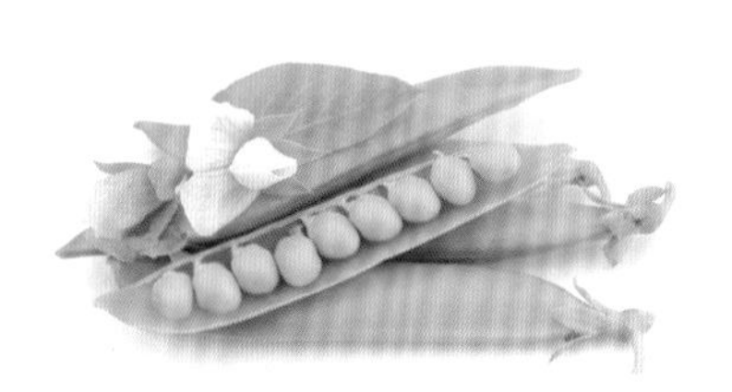
豌豆

南瓜

冰淇凌

1人份　初级入门　8分钟

西红柿面条沙拉

芝麻菜是一种上佳的防病、治病的蔬菜，有较强的防癌攻效，经常食用可促进细胞活性。

材料 Ingredient

原料

西红柿　50克
面条　100克
芝麻菜　适量

调料

橄榄油　适量
食盐　适量
醋　适量

做法 Recipe

1. 面条放入开水中煮熟，捞出，放凉。
2. 西红柿洗净，去皮，切丁。
3. 芝麻菜洗净，沥干水分。
4. 取一碗，装入面条、西红柿。
5. 加入橄榄油、芝麻菜、食盐和醋拌匀即可。

小贴士

- 在购买芝麻菜时要选择健壮，叶子翠绿的类型。

1人份　初级入门　4分钟

燕麦沙拉

燕麦的营养价值很高，在禾谷类作物中蛋白质含量很高，且含有人体必需的8种氨基酸，其组成也均衡，维生素E的含量也高于大米和小麦。

材料 Ingredient

原料

燕麦	50克
樱桃萝卜	20克
烤面包	50克
香菜	少许

调料

沙拉酱	10克
食盐	少许
酱油	少许
醋	少许

做法 Recipe

1. 香菜洗净，沥干水分。
2. 樱桃萝卜洗净，切片。
3. 烤面包切块。
4. 燕麦放入锅里，炒熟。
5. 取一碗，放入燕麦、樱桃萝卜和烤面包。
6. 加入沙拉酱、食盐、酱油和醋，拌匀。
7. 饰以香菜即可。

小贴士

- 燕麦能预防心脑血管疾病，适宜中老年人食用。

1人份　初级入门　/ 分钟

通心粉豌豆沙拉

豌豆的营养价值很高，含有丰富的铜、铬等微量元素，这些元素对我们的身体有很大帮助。铜有助于促进脑部和骨骼的发育，有利于造血；铬则有助于维持胰岛素的平衡，有利于脂肪糖类的新陈代谢。

材料 Ingredient

原料

贝壳状通心粉	200克
豌豆	20克

调料

橄榄油	适量
食盐	适量
白糖	适量

做法 Recipe

1. 取一锅，倒入水烧开，放入通心粉煮熟，沥干水分。
2. 豌豆洗净，焯熟。
3. 将通心粉、豌豆盛入碗内。
4. 加入橄榄油、食盐和白糖，拌匀即可。

小贴士

- 在煮通心粉前，将食盐加入水中，煮沸，再下入通心粉，这样不容易彼此沾黏。

1人份　初级入门　25分钟

鹰嘴豆小西红柿沙拉

鹰嘴豆是一种很好的植物氨基酸补充剂，有较高的医用保健价值，对儿童智力发育、骨骼生长以及中老年人强身健体都有不可估量的作用。

材料 Ingredient

原料

鹰嘴豆	100克
小西红柿	20克
黄瓜	10克
香菜叶	少许

调料

橄榄油	少许
白糖	少许
醋	少许
酱油	少许

做法 Recipe

1. 鹰嘴豆浸泡，将其煮熟透。
2. 小西红柿洗净，对切。
3. 黄瓜洗净，切圆片。
4. 取一盘，装入鹰嘴豆、西红柿、黄瓜。
5. 加入橄榄油、白糖、醋和酱油，拌匀。
6. 撒上洗净的香菜叶点缀即可。

小贴士

- 低血糖患者不宜食用过多的鹰嘴豆。

PART 2

肉类沙拉

肉类食物中，人食用最多的是畜肉和禽肉这两种，
制作沙拉的肉类，也主选这两种。
将肉类食物经过一定的烹饪方式，
然后淋上沙拉酱、油醋汁等酱料，
就成了色泽鲜艳、外形美观的肉类沙拉，它也是西餐中的主菜。

2 人份　初级入门　15 分钟

土豆腊肉沙拉

土豆所含的淀粉在体内被缓慢吸收，不会导致血糖过高，可用于糖尿病患者的食疗。土豆所含的粗纤维，有促进肠胃蠕动和加速胆固醇在肠道内代谢的功效，具有通便和降低胆固醇含量的作用。土豆是低热能、含有多种维生素和微量元素的食品，是理想的减肥食品。中医认为，土豆性平味甘，具有和胃调中、益气健脾、强身益肾、消炎、活血消肿等功效，可辅助治疗消化不良、习惯性便秘、神疲乏力、慢性胃痛、关节疼痛、皮肤湿疹等症。

材料 Ingredient

原料

土豆	200克
腊肉	适量
葱	适量

调料

橄榄油	适量
沙拉酱	20克
食盐	1克
白糖	10克
黑胡椒粒	少许

土豆

腊肉

葱

小贴士

- 土豆很容易氧化变黑，因此，在煮土豆的时候向锅中倒入适量牛奶，能使土豆色泽洁白，口感大大提升。

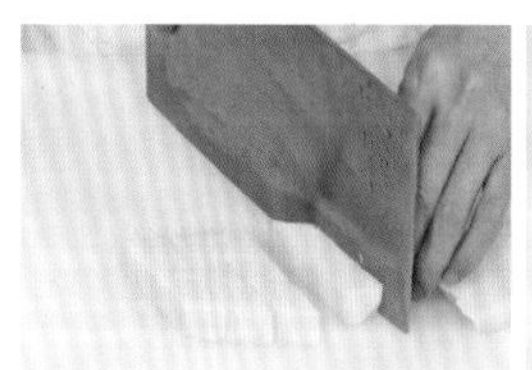

1 把去皮洗净的土豆切厚片，改切成条，然后再切成丁。

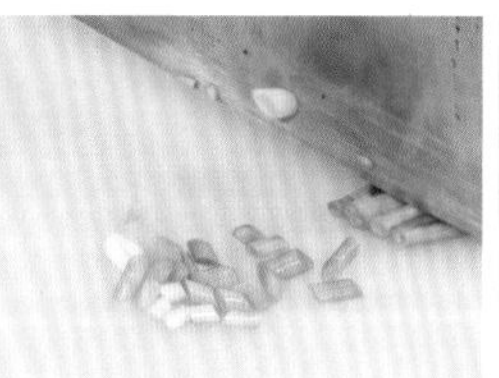

2 洗净的葱切成末。

3 把洗好的腊肉切成片，改切成条状，再切成小粒。

4 锅中加入约1000毫升清水，烧开，倒入土豆，加盖煮约2分钟至熟透。

5 捞出煮好的土豆，沥干水分。

6 热锅注油，烧至四成热，倒入腊肉。

7 小火炸约1分钟至熟，捞出备用。

8 将土豆放入碗中，加入沙拉酱。

9 用筷子充分地拌匀，使其均匀地裹上沙拉酱，再加入食盐、白糖，拌匀。

10 把拌好的土豆倒入另一个盘中，撒上葱末。

11 撒上腊肉丁。

12 浇上沙拉酱，再撒上少许黑胡椒粒即成。

1人份　初级入门　6分钟

香肠彩椒生菜沙拉

生菜中含有钙、铁、铜等矿物质，其中钙是骨骼和牙齿发育的主要物质，还可防治佝偻病；铁和铜能促进血色素的合成，防止食欲不振、贫血，促进生长发育；生菜是碱性食物，与五谷和肉类等酸性食物中和，具有调整体液酸碱平衡的作用。生菜中含有丰富的膳食纤维，能刺激胃液分泌和肠道蠕动，增加食物与消化液的接触面积，有助于人体消化吸收，促进代谢废物的排出，并防止便秘。

材料 Ingredient

原料		调料	
彩椒	60克	食盐	适量
香肠	80克	沙拉酱	适量
生菜	50克	炼乳	适量

香肠

彩椒

生菜

小贴士

- 此沙拉中的香肠也可以用火腿肠或者其他肉类代替，制作方法一样。

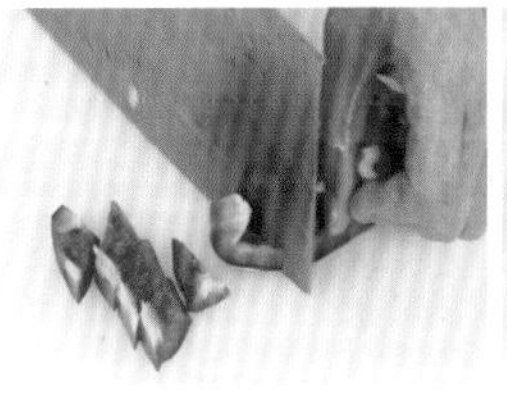

1 彩椒对半切开，去蒂，先切瓣，再切成小块。

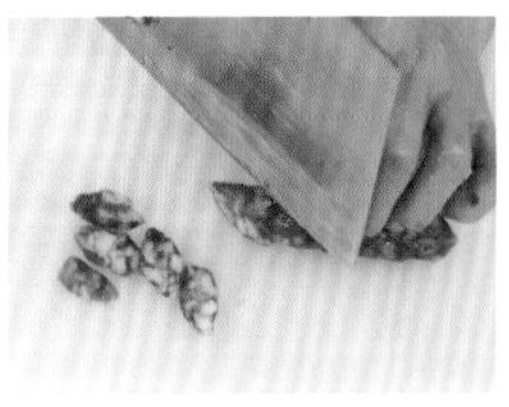

2 将洗净的香肠切成片。

3 将洗净的生菜切成丝。

4 锅中加600毫升清水烧开，倒入彩椒，用勺子稍微搅动，煮约1分钟。

5 把焯过水的彩椒捞出。

6 把香肠倒入热水锅中，煮2分钟至腊肠变色。

7 把汆过水的香肠捞出。

8 将彩椒放入碗中，再依次放入香肠、生菜。

9 加入少许食盐。

10 放入沙拉酱、炼乳。

11 将沙拉拌匀。

12 把拌好的材料盛出装盘即可。

2 人份　新手尝试　5 分钟

哈密瓜熏火腿沙拉

火腿内含丰富的蛋白质和十多种氨基酸，及多种维生素和矿物质；火腿制作经冬历夏，经过发酵分解，各种营养成分更易被人体吸收。

材 料 Ingredient

原料

哈密瓜	220克
熏火腿	适量
香草碎	少许
薄荷叶	少许

调料

橄榄油	适量
马苏里拉奶酪	适量
红酒醋	适量
橙汁	适量
黑胡椒粉	少许

做 法 Recipe

1. 哈密瓜洗净，削皮，用铁勺挖小球。
2. 熏火腿略加清洗，切薄片。
3. 马苏里拉奶酪切小块。
4. 将上述食材摆入盘中。
5. 取一小碟，加入橄榄油、橙汁、红酒醋，拌匀，调成料汁。
6. 将调好的料汁淋在沙拉上，然后撒上香草碎和黑胡椒粉，用洗净的薄荷叶点缀即可。

小贴士

- 挑哈密瓜时用手摸一摸，如果瓜身坚实微软，说明成熟度比较适中。

1人份 新手尝试 5分钟

小西红柿烤火腿肠沙拉

火腿肠含有供给人体需要的蛋白质、脂肪、碳水化合物、各种矿物质和维生素等营养，具有吸收率高、适口性好、饱腹性强等优点，还适合加工成多种佳肴。

材料 Ingredient

原料

小西红柿	90克
烤火腿肠	2根
午餐肉	1块
全麦面包	1片
香菜叶	少许

调料

沙拉酱	适量
番茄酱	适量

做法 Recipe

1. 小西红柿洗净，切块；烤火腿肠一切为二；香菜叶洗净。
2. 将小西红柿摆入盘中，拌入适量沙拉酱，再饰以香菜叶。
3. 将烤火腿肠依次排开，摆在盘中，抹上适量番茄酱。
4. 在盘子的一边放1片全麦面包，然后再将午餐肉摆在全麦面包上即可。

小贴士

- 购回小西红柿后，擦干表面的水分，放在阴凉通风处（果蒂向上），可保存10天左右。
- 青色未熟的小西红柿不宜食用。

3人份 初级入门 18分钟

冬瓜鸡蛋鸡肉沙拉

冬瓜中含有的丙醇二酸可控制体内糖类转化为脂肪，防止脂肪堆积，有预防高血压的功效。

材料 Ingredient

原料

冬瓜	适量
熟鸡蛋	1个
鸡肉	350克
玉米粒	适量
香菜碎	少许
莳萝末	少许

调料

蒜蓉沙拉酱	适量

做法 Recipe

1. 熟鸡蛋剥壳后切成4小块。
2. 冬瓜洗净，去皮，切丁。
3. 玉米粒洗净后沥干水分。
4. 将玉米、冬瓜焯水至熟，捞出备用。
5. 鸡肉洗净，切丁，放入锅中煮熟后捞出。
6. 将上述食材一一放入瓷盆中，然后再加入少许香菜碎和莳萝末。
7. 待食用时再拌入蒜蓉沙拉酱即可。

小贴士

- 煎、炸的鸡蛋虽然好吃，但不易消化，胆结石、胆囊炎患者食用后极易引起发病。

美食攻略

冬瓜要选择新鲜、外形匀称、无虫蛀、无外伤的。

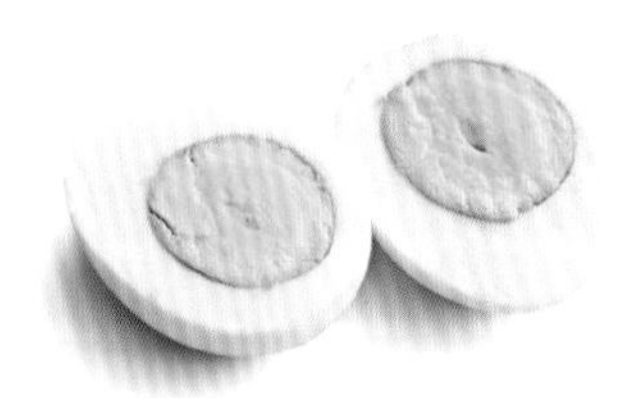

熟鸡蛋

玉米粒

冬瓜

2人份　初级入门　3分钟

火腿西红柿沙拉

火腿含丰富的蛋白质和多种矿物质，且易被人体吸收，具有养胃生津、益肾壮阳的作用。

材料 Ingredient

原料

火腿	300克
西红柿	60克
香菜叶	少许

调料

食盐	15克
沙拉酱	适量
胡椒粉	少许

做法 Recipe

❶ 将火腿洗净，沥干水分后切片；西红柿洗净，切块；香菜叶洗净。

❷ 先将火腿片摆入盘中，再放入西红柿、香菜叶。

❸ 取一小碗，里面加入沙拉酱、食盐、胡椒粉拌匀。

❹ 食用时，将调匀的沙拉酱拌入食材中即可。

小贴士

火腿适宜气血不足者、脾虚久泻者、胃口不开者、体质虚弱者、虚劳怔忡者、腰脚无力者食用。品质好的火腿气味清香无异味。

1人份　初级入门　15分钟

包菜鸡脯肉沙拉

苹果中的维生素 C 是心血管的保护神、心脏病患者的健康元素。

材料 Ingredient

原料

鸡脯肉	60克
包菜叶	适量
苹果条	适量
核桃仁	适量
豌豆苗	适量

调料

奶油酱	少许
草莓酱	少许
橄榄油	少许
胡椒粉	少许

做法 Recipe

1. 鸡脯肉洗净，煮熟，切块。
2. 包菜叶、豌豆苗均洗净。
3. 把包菜叶放在盘底，放入鸡脯肉、苹果、核桃仁和豌豆苗。
4. 淋上奶油酱、草莓酱、橄榄油，撒上胡椒粉即可。

小贴士

- 色泽变黄且有黑点的橄榄说明已不新鲜，食用前要用水洗净。

1人份　中级掌勺　15分钟

豆腐鸡脯肉沙拉

凉薯富含淀粉、糖分和蛋白质，脆嫩多汁，有清凉祛热的功效。

材料 Ingredient

原料

豆腐	50克
鸡脯肉	200克
青提	适量
凉薯	适量

调料

食盐	1克
色拉油	适量
醋	适量
芥菜子	适量
白芝麻仁	适量

做法 Recipe

1. 豆腐洗净，切小块；青提洗净，剥皮，将其中一部分对半切开；凉薯洗净，去皮，一半切小条，另一半切片。
2. 鸡脯肉洗净，切丁，放入锅中隔水蒸熟。
3. 将上述食材一一装入碗中。
4. 取一小碟，里面加入色拉油、食盐、醋、芥菜子、白芝麻仁拌匀，调成料汁。
5. 将调好的料汁淋在食材上即可。

小贴士

- 豆腐本身是高蛋白质的食品，很容易腐败，最好到有良好冷藏设备的场所选购。

1人份 | 新手尝试 | 5分钟

香肠黄瓜沙拉

黄瓜中所含的葡萄糖甙、果糖等不参与糖代谢，故糖尿病患者以黄瓜代替淀粉类食物充饥，血糖非但不会升高，反而会降低。

材料 Ingredient

原料

香肠	130克
黄瓜	适量
生菜	适量
香菜叶	适量
蛋黄碎	适量

调料

椰子酱	适量
沙拉酱	适量

做法 Recipe

1. 香肠略加清洗，蒸熟，然后切条。
2. 黄瓜洗净，切条。
3. 生菜、香菜叶均洗净，沥干水分。
4. 将生菜铺在盘底，然后放入香肠。
5. 将沙拉酱装入裱花袋中，均匀地挤在香肠上。
6. 再在香肠上面放黄瓜。
7. 在黄瓜上面堆上适量蛋黄碎。
8. 将椰子酱装入裱花袋中，均匀地挤在蛋黄碎上。
9. 最后在沙拉上面饰以香菜叶即可。

小贴士

- 脾胃虚弱、腹痛腹泻、肺寒咳嗽者应少吃黄瓜。黄瓜尾部含有较多的苦味素，所以不要将尾部丢弃。

1人份 初级入门 15分钟

熏火腿豌豆沙拉

每100克鸡蛋含脂肪11～15克，主要集中在蛋黄里，也极易被人体消化吸收，蛋黄中含有丰富的卵磷脂、固醇类以及钙、磷、铁、维生素A、维生素D及B族维生素。

材料 Ingredient

原料

熏火腿	20克
豌豆	适量
熟鸡蛋	1个
土豆	适量
豌豆苗	适量

调料

蛋黄酱	适量

做法 Recipe

1. 熏火腿洗净，切薄片，备用。
2. 熟鸡蛋剥壳，切小块。
3. 豌豆洗净，放入沸水中焯一会儿，沥干水分。
4. 土豆洗净，去皮，切丁。
5. 将土豆放入沸水中焯熟，沥干水分。
6. 豌豆苗洗净，备用。
7. 将上述食材均放入玻璃碗中。
8. 食用时，再淋入蛋黄酱即可。

小贴士

- 豌豆以色泽嫩绿、柔软、颗粒饱满、未浸水的为佳。

美食攻略

豌豆以色泽嫩绿、柔软、颗粒饱满、未浸水者为佳。

熏火腿

土豆

豌豆

2 人份　中级掌勺　5 分钟

米饭鸡胸肉沙拉

鸡胸肉的蛋白质含量较高，且易被人体吸收和利用，含有对人体生长发育有重要作用的磷脂类，是中国人膳食结构磷脂的重要来源之一。鸡胸肉有温中益气、补虚填精、健脾胃、活血脉、强筋骨的功效。

材料 Ingredient

原料

熟米饭	200克
熟鸡胸肉	200克
芹菜	120克
干辣椒	80克
洋葱	50克
葱花	少许

调料

柠檬汁	45毫升
橄榄油	30毫升
食盐	适量
酱油	适量
醋	适量

做法 Recipe

1. 熟鸡胸肉切丁。
2. 洋葱洗净，切丝。
3. 芹菜洗净，切段。
4. 熟米饭打散，装入碗里，加入柠檬汁拌匀。
5. 锅里放入少许橄榄油，倒入米饭，炒香。
6. 取一大碗，倒入熟米饭、熟鸡胸肉、芹菜、葱花和干辣椒，拌匀。
7. 取一小碗，倒入橄榄油、酱油、醋和食盐，拌匀，调成料汁。
8. 将料汁淋入食材里，拌匀即可。

小贴士

- 大米不宜存放在厨房内，因为厨房温度高、湿度大，对大米的储藏不利。

1人份　初级入门　8分钟

豆腐熏肉沙拉

熏肉营养丰富，容易吸收，有补充皮肤养分、美容的效果。

材 料 Ingredient

原料

豆腐	50克
熏肉	两片
青菜	20克
无花果	1个

调料

橄榄油	适量
食盐	适量
酱油	适量
醋	适量

做 法 Recipe

1. 青菜洗净铺在盘底。
2. 无花果洗净，对切。
3. 豆腐洗净，切片。
4. 锅里倒入橄榄油，放入豆腐煎至两面熟。
5. 在青菜上放上豆腐、无花果和熏肉，淋入橄榄油、酱油和醋，加入食盐拌匀即可。

小贴士

- 选购豆腐时要注意，优质豆腐具有豆腐特有的香味。次质豆腐香气平淡。劣质豆腐有豆腥味、馊味等不良气味或其他外来气味。

3 人份　初级入门　12 分钟

法兰克福香肠沙拉

法兰克福香肠是用瘦猪肉加盐渍培根肥肉混成糊状烟熏而成，是一种开胃菜。

材料 Ingredient

原料

法兰克福香肠	3根
维也纳小香肠	3根
土豆	320克
黄瓜	适量
洋葱	适量
香葱	适量
西红柿	适量
生菜	适量

调料

奶油酱	适量
蛋黄酱	适量
番茄酱	适量

做法 Recipe

1. 土豆洗净，削皮，切丁；黄瓜洗净，削皮，切丁；洋葱洗净，切丁；香菜洗净，切末；西红柿洗净，切厚片；生菜洗净，沥干水分备用。
2. 土豆放入沸水锅中焯熟，捞出沥干水分，备用。
3. 法兰克福香肠和维也纳小香肠均剥去肠衣，放入烤箱中约烤3分钟。
4. 把生菜铺在盘底，然后摆上土豆、洋葱、黄瓜，撒上葱花，拌入奶油酱。
5. 在盘子的一边摆上西红柿，另一边摆上烤好的香肠。
6. 将蛋黄酱和番茄酱分别装入小碗中，食用时，再依据个人口味拌入沙拉中即可。

小贴士

- 法兰克福香肠和维也纳香肠烤制时间不宜过久，否则影响口感。

1人份　中级掌勺　20分钟

烤香肠沙拉

烤香肠沙拉，顾名思义，就是把香肠烤得香香脆脆的，然后和蔬菜一起拌着吃。

材料 Ingredient

原料

烤香肠　1根
小西红柿　适量
洋葱条　少许
莳萝　少许

调料

蛋黄沙拉酱　适量
香菜碎　少许

做法 Recipe

1. 小西红柿洗净，对半切开；莳萝洗净。
2. 将烤香肠摆入盘中，再放入小西红柿和洋葱条。
3. 撒上少许香菜碎和莳萝点缀。
4. 待食用时，再拌入蛋黄沙拉酱即可。

小贴士

- 儿童、孕妇、老年人、高血脂症者少食或不食，肝肾功能不全者不适合食用。

2 人份　初级入门　5 分钟

无花果熏火腿沙拉

黑橄榄又名油橄榄，富含钙质和维生素 C。

材料 Ingredient

原料

无花果	适量
熏火腿	260克
芝麻菜	适量
黑橄榄	适量
酸角	适量

调料

食盐	2克
胡椒粉	1克
沙拉酱	适量
红酒醋	适量

做法 Recipe

1. 熏火腿洗净，切薄片；无花果洗净，切块；黑橄榄洗净，去核；芝麻菜、酸角均洗净。
2. 将上述食材沥干水分，依次摆入盘中。
3. 取一小碗，加入沙拉酱、红酒醋、食盐、胡椒粉，调拌均匀。
4. 待食用时，将调拌好的酱汁拌入沙拉中即可。

小贴士

- 色泽变黄且有黑点的橄榄说明已经不新鲜，食用前要仔细检查。

1人份　初级入门　12分钟

香梨鸡脯肉沙拉

香梨具有性寒味甘的特性，有润肺、凉心、消炎、止咳、保肝明目、降压滋阴的功效。

材料 Ingredient

原料

香梨块　50克
鸡脯肉　适量
包菜丝　适量
满天星　少许
香草　少许

调料

番茄酱　适量
黑芝麻　少许

做法 Recipe

1. 鸡脯肉洗净，切块，煮熟放入番茄酱中，拌至上色。
2. 将香梨块、鸡脯肉、包菜丝摆好。
3. 取适量番茄酱，均匀地挤在包菜上，撒上黑芝麻，饰以洗净的满天星、香草即可。

小贴士

- 香梨不宜多食，否则易伤脾胃、助阴湿。此外，风寒咳嗽、脘腹冷痛、脾虚便溏者应慎食。

2 人份　中级掌勺　15 分钟

经典凯撒沙拉

鸡肉营养丰富，是高蛋白、低脂肪的健康食品，其氨基酸的组成与人体所需的十分接近。

材料 Ingredient

原料

生菜	90克
鸡肉	适量
白吐司面包	适量
帕尔马干酪碎	适量

调料

凯撒沙拉酱	适量
蒜油	适量
黑胡椒碎	少许

做法 Recipe

1. 生菜洗净，沥干水分后切好。
2. 鸡肉洗净，切块，然后放入锅中煮熟，捞出待凉。
3. 白吐司面包切成小块，涂抹蒜油后放烤盘上，置入烤箱中烤至金黄色。
4. 将鸡肉、白吐司面包块和生菜放入盘中。
5. 拌入适量凯撒沙拉酱，然后撒上帕尔马干酪碎和黑胡椒碎即可。

小贴士

- 在选购鸡肉时应注意，有的商贩滞销的时候，会把卖剩下的鸡肉冷冻起来，解冻后冒充鲜鸡肉继续出售。冷冻过的鸡肉再解冻后，可能会出现些整体的暗色。

2 人份　高级水准　10 分钟

肉丸蔬菜沙拉

肉丸蔬菜沙拉是一道营养非常丰富的沙拉菜品，肉丸能很好地锁住肉质营养和美味，让肉质更加鲜嫩可口。

材料 Ingredient

原料

煎好的肉丸	6个
黄瓜丁	适量
彩椒	适量
莳萝	适量
葱段	适量
香菜碎	适量

调料

胡椒粉	适量
辣椒粉	适量
沙拉酱	适量

做法 Recipe

1. 部分彩椒洗净，雕成船状，余料放置一旁，剩下的彩椒切片；莳萝洗净。
2. 将雕好的彩椒放在盘中，放入沙拉酱、黄瓜丁、彩椒片、葱段，撒上胡椒粉、辣椒粉，饰以莳萝、香菜碎。
3. 将煎好的肉丸放入盘中摆好即可。

小贴士

- 不宜选择火候过大的肉丸，否则会影响整道沙拉的口感。

1人份　初级入门　5分钟

猪肉紫甘蓝沙拉

紫甘蓝中含有一定量的花青素，花青素虽然不是人体必需的营养素，但却是最常见的抗氧化物质之一。

材料 Ingredient

原料

猪肉	270克
紫甘蓝	适量
菊苣叶	适量
葱白	适量
食盐灼虾	适量

调料

食盐	2克
白胡椒粉	2克
橄榄油	适量
沙拉酱	适量
醋	适量
柠檬汁	适量

做法 Recipe

1. 紫甘蓝洗净，剥大片；菊苣叶、葱白均洗净；猪肉洗净，切块。
2. 锅中注入橄榄油，烧热，放入猪肉，煎熟后盛出。
3. 将紫甘蓝铺在盘底，再放入猪肉、葱白、菊苣叶、食盐灼虾。
4. 加入白胡椒粉、食盐、柠檬汁、醋，拌匀。
5. 根据个人口味适量添加沙拉酱即可。

小贴士

- 在炒或煮紫甘蓝时，若想保持艳丽的紫红色，可加少许白醋。

美食攻略

吃猪肉紫甘蓝沙拉时，忌放过多的沙律酱，多食会对健康造成危害。

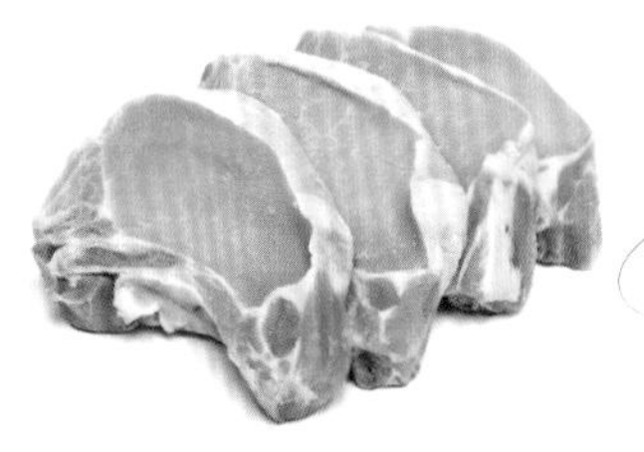
猪肉

虾

紫甘蓝

1人份　初级入门　8分钟

千层沙拉

全麦面包特点是颜色微褐，肉眼能看到很多麦麸的小粒。它的营养价值比白面包高，含有丰富粗纤维、维生素E以及锌、钾等矿物质。

材料 Ingredient

原料

全麦面包	半个
西红柿	80克
熏火腿	30克
口蘑	适量
罗勒叶	适量
柠檬	适量

调料

沙拉酱	适量
彩椒碎	少许
黑胡椒碎	少许
辣椒粉	少许

做法 Recipe

1. 西红柿洗净，切厚片。
2. 熏火腿略加清洗，然后切薄片。
3. 口蘑洗净，切片，然后放入沸水中焯熟，沥干水分，备用。
4. 柠檬洗净，切片。
5. 罗勒叶洗净，沥干水分备用。
6. 将半个全麦面包放入盘中，再依次摆上罗勒叶、西红柿、熏火腿、口蘑。
7. 撒上彩椒碎、黑胡椒碎、辣椒粉。
8. 把切好的柠檬片摆在盘边。
9. 待食用时，拌入沙拉酱即可。

小贴士

- 柠檬要选果皮有光泽、新鲜而完整的。柠檬食用前要先放入清水中浸泡，可连皮一起食用。

3人份 新手尝试 6分钟

熏鹅胸肉沙拉

鹅肉不但脂肪含量低，而且品质好，不饱和脂肪酸的含量高，特别是亚麻酸，其含量均超过其他肉类，对人体健康有利。

材料 Ingredient

原料

熏鹅胸肉	320克
石榴籽	适量
核桃仁	适量
鸭梨	适量
上海青	适量
面包	适量

调料

红酒醋	适量
法式芥末	适量
橄榄油	适量

做法 Recipe

1. 熏鹅胸肉洗净，切薄片，控干水分；核桃仁、上海青均洗净，沥干水分；鸭梨洗净，切片；面包切好备用。
2. 将上海青、熏鹅胸肉、鸭梨、石榴籽、核桃仁依次放入盘中。
3. 取一小碟，里面加入红酒醋、法式芥末、橄榄油，拌匀成味汁。
4. 将调好的味汁淋在食材上，最后将面包块摆在盘子一角即可。

小贴士

- 鹅肉不易煮熟烂，取一块猪胰切碎后与鹅肉同煮，利于鹅肉煮烂，且汤易入味。

2 人份　新手尝试　5 分钟

烤猪肉沙拉

猪肉营养丰富，蛋白质和胆固醇含量高，还富含维生素 B_1 和锌等，是人们最常食用的肉类食品。经常适量食用猪肉可促进儿童智力的提高。

材 料 Ingredient

原料

烤猪肉　200克
小西红柿　适量
芝麻菜　适量

调料

番茄酱　适量

做 法 Recipe

1. 小西红柿洗净，对半切开。
2. 芝麻菜洗净，沥干水分，备用。
3. 将烤猪肉串在铁签上，摆在盘中。
4. 再将小西红柿和芝麻菜摆好。
5. 待食用时，拌入番茄酱即可。

小贴士

- 要选择健壮、叶子翠绿的芝麻菜。芝麻菜根部浸泡在水中或用保鲜膜包好可以保存1~2天。

1人份　中级掌勺　22分钟

培根芦笋沙拉

芦笋中蛋白质组成含有人体所必需的各种氨基酸，含量比例符合人体需要，无机食盐中有较多的硒、钼、镁、锰等微量元素。

材料 Ingredient

原料

培根	适量
芦笋	70克
鸡蛋	适量

调料

橄榄油	10毫升
沙拉酱	适量
食盐	适量

做法 Recipe

1. 将鸡蛋打入瓷杯中，放少许食盐，然后放入微波炉中加热至七分熟。芦笋洗净，放入沸水锅中焯熟，沥干水分，备用。
2. 用培根将芦笋紧紧包住（可用牙签固定）。
3. 摆入烤盘，刷一层橄榄油。
4. 放入烤箱，以200℃的温度烤15分钟。
5. 将烤好的培根芦笋卷放入盘中，再摆入加热好的鸡蛋。
6. 食用时，拌入沙拉酱即可。

小贴士

- 应选择质地细嫩的新鲜芦笋。芦笋不宜存放太久，而且应低温避光保存，建议现买现食。

1人份　中级掌勺　15分钟

肉卷沙拉

鸡肉所含的脂肪酸多为不饱和脂肪酸，极易被人体吸收，含有多种维生素、钙、磷、锌、铁、镁等成分。

材料 Ingredient

原料

鸡肉	130克
白菜	适量
火腿片	适量
核桃碎	适量
米线	适量

调料

油醋汁	适量
食盐	适量
胡椒粉	适量
料酒	适量
蒜油	适量

做法 Recipe

1. 白菜洗净，横刀切厚片，摆盘。
2. 鸡肉洗净，用食盐、料酒、胡椒粉腌好，汆水。
3. 在汆熟的鸡肉上撒上核桃碎，用火腿片卷起。
4. 再用韧性好的米线将整块鸡肉缠好。
5. 将鸡肉卷涂上蒜油后放入烤箱中烤至焦黄。
6. 取出鸡肉卷，待凉后放入盘中。
7. 取适量油醋汁，淋在鸡肉卷上即可。

小贴士

- 鸡肉在肉类食品中是比较容易变质的，所以购买之后要马上放入冰箱保存。

2 人份　初级入门　12 分钟

香辣牛舌沙拉

牛舌富含钙、锌、铁等矿物质，可强化骨骼，促进人体生长发育。

材料 Ingredient

原料

牛舌	200克
冬瓜	适量
黄瓜	适量
胡萝卜	适量
红椒	适量

调料

蒜蓉沙拉酱	适量
姜片	少许
葱段	少许
白芝麻	少许

做法 Recipe

1. 冬瓜洗净，切厚片；黄瓜洗净，切长条；胡萝卜洗净，切薄片；红椒洗净，切细条；牛舌洗净。
2. 锅中注水，放入姜片，水煮开后入牛舌汆熟；再放入冬瓜片焯熟。
3. 趁热将牛舌上面的白膜撕掉，切长条备用。
4. 将冬瓜、黄瓜、胡萝卜、红椒、牛舌码在碗中，撒上葱段和白芝麻。
5. 待食用时，拌入蒜蓉沙拉酱即可。

小贴士

- 要选择外形完整、无虫蛀、无外伤的新鲜冬瓜。

1 人份 | 初级入门 | 10 分钟

肉丸小西红柿沙拉

小西红柿中的维生素 B_3 含量居果蔬之首，维生素 B_3 能保护皮肤、维护胃液的正常分泌、促进红细胞的生成。

材 料 Ingredient

原料

肉丸	160克
小西红柿	80克
樱桃萝卜	适量
上海青	适量

调料

醋	适量
橄榄油	适量
第戎芥末	适量
食盐	15克
胡椒粉	15克

做 法 Recipe

1. 小西红柿洗净，切好；樱桃萝卜洗净，切片；上海青洗净备用。
2. 平底锅中注入橄榄油，烧热，将肉丸煎熟。
3. 将以上食材均放入瓷碗中。
4. 取一小碟，里面放入醋、橄榄油、第戎芥末、食盐、胡椒粉，调成料汁。
5. 将调好的料汁淋在食材上，轻轻搅拌均匀即可。

小贴士

- 常发生牙龈出血或皮下出血的患者，吃小西红柿有助于改善症状。

1人份　初级入门　15分钟

肉扒生菜沙拉

生菜中含有丰富的膳食纤维，能刺激胃液分泌和促进肠道蠕动，增加食物与消化液的接触面积，有助于消化吸收，还有利于代谢废物的排出。

材料 Ingredient

原料

肉扒	2块
生菜	适量
小西红柿	适量

调料

柠檬汁	适量
橄榄油	适量
沙拉酱	适量
食盐	少许
胡椒粉	少许

做法 Recipe

1. 小西红柿洗净，将其中一半切好；生菜洗净，沥干水分。
2. 肉扒洗净，用柠檬汁、橄榄油、食盐、胡椒粉腌好，然后放入冰箱中冷冻3个小时。
3. 将肉扒解冻，放在烤架上烤至两面焦黄。
4. 将生菜摆在盘子的一边，然后再将肉扒、小西红柿摆好。
5. 待食用时，淋入沙拉酱即可。

小贴士

- 应挑选色绿、棵大、茎短的鲜嫩生菜。生菜不宜久存，用保鲜膜封好置于冰箱中可保存2~3天。

1人份　新手尝试　10分钟

熏肉蔬菜沙拉

上海青可以保持血管弹性，提供人体所需矿物质、维生素，其中维生素B_2尤为丰富。

材 料 Ingredient

原料

熏肉	90克
上海青	适量
苦苣	适量
红生菜	适量
洋葱	适量
西红柿	适量
面包	适量
白萝卜	适量
青椒	适量

调料

橄榄油	适量
醋	适量
芥末	适量
食盐	适量
胡椒粉	适量

做 法 Recipe

1. 熏肉洗净切片；上海青、苦苣、红生菜均洗净；洋葱洗净，切片；西红柿洗净，切块；面包切小块；白萝卜洗净，削皮，切长条；青椒洗净，去籽，切圈。
2. 将上述食材放入玻璃碗中，加入橄榄油、醋、芥末、食盐、胡椒粉拌匀即可。

小贴士

- 应选皮细嫩光滑、拿起来较沉，用手指轻弹声音厚重、结实的白萝卜。

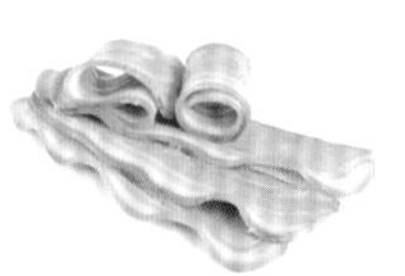

熏肉

苦苣

洋葱

1人份　新手尝试　4分钟

午餐肉沙拉

午餐肉的主要营养成分是蛋白质、脂肪、碳水化合物、维生素 B_3 等，矿物质钠和钾的含量较高。

材料 Ingredient

原料

午餐肉	140克
生菜	适量
菊苣	适量
洋葱丝	适量
小西红柿	适量

调料

沙拉酱	适量

做法 Recipe

1. 生菜、菊苣均洗净，撕成小片。
2. 小西红柿洗净，切块。
3. 将午餐肉摆在盘中，在它的一旁摆上生菜、菊苣、小西红柿，撒上洋葱丝。
4. 待食用时，将沙拉酱拌入食材中即可。

小贴士

- 肥胖者、儿童、孕妇、糖尿病患者不宜过度食用。

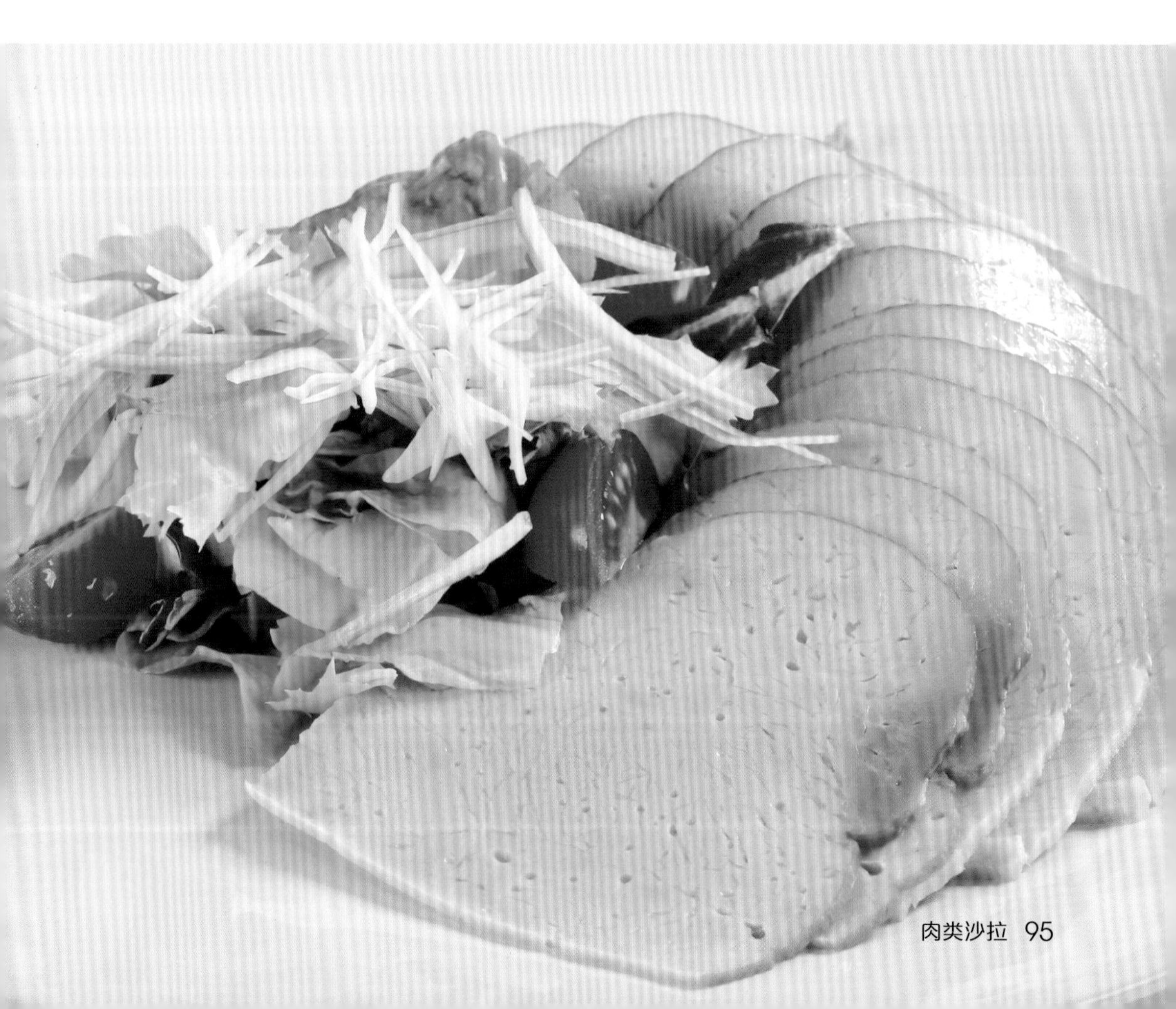

2 人份　初级入门　8 分钟

土豆火腿肠沙拉

土豆是低热能、含有多种维生素和微量元素的根茎类蔬菜，是理想的减肥食品。

材料 Ingredient

原料

土豆	150克
火腿肠	适量
黄瓜	150克
洋葱	适量
香葱段	适量

调料

橄榄油	适量
奶油	适量
蒜蓉	适量
食盐	少许

做法 Recipe

1. 黄瓜、土豆均洗净，去皮，切丁。
2. 火腿肠切片。
3. 洋葱洗净，切丁，焯水。
4. 土豆放入锅中，煮4分钟至熟。
5. 将黄瓜、土豆、洋葱、火腿肠、香葱段均放入盘中，加入橄榄油、奶油、蒜蓉、食盐拌匀即可。

小贴士

- 质量好的黄瓜鲜嫩，外表的刺粒未脱落，色泽绿，手摸时有刺痛感，外形笔直饱满，硬实。

1人份　初级入门　5分钟

香橙鸭胸肉沙拉

香橙中含有丰富的维生素C、维生素P，能增加机体抵抗力，增加毛细血管的弹性，降低血中胆固醇。高血脂症、高血压、动脉硬化者常食橙子有益。

材 料 Ingredient

原料

香橙片	适量
鸭胸肉	140克
土豆块	适量
嫩豆芽	适量
莳萝	适量

调料

橙汁	少许
色拉油	少许
食盐	少许
白糖	少许

做 法 Recipe

1. 嫩豆芽、莳萝均洗净。
2. 土豆块入锅煮软，捞出。
3. 将煎好的鸭胸肉摆在盘子的一边，再摆上香橙片和土豆，放入色拉油、橙汁和少许白糖、食盐拌匀，然后饰以嫩豆芽和莳萝即可。

小贴士

- 挑选橙子时应注意，橙子皮的密度高、薄厚均匀而且有点硬度的橙子所含水分较高，口感较好。

2 人份　初级入门　12 分钟

苹果鸡肉沙拉

莴笋中含有一定量的微量元素锌、铁，且铁元素很容易被人体吸收。

材料 Ingredient

原料

苹果	60克
鸡肉	120克
莴笋	60克
生菜	40克

调料

食盐	适量
蛋黄酱	适量

做法 Recipe

1. 苹果洗净，去核，切小块。
2. 取净锅，加水，放入少许食盐煮沸，入鸡肉煮熟，再取出切块。
3. 莴笋去皮，洗净后切小块，焯熟。
4. 生菜洗净，铺在盘中。
5. 将鸡肉、苹果、莴笋放入碗中，加蛋黄酱拌匀，倒在铺好的生菜叶上即可。

小贴士

- 如果有吃不完的莴笋，可将莴笋放入盛有凉水的器皿内，水淹至莴笋主干1/3处，即使放置室内3天，削皮后炒吃仍鲜嫩可口。

1人份　新手尝试　5分钟

生菜火腿沙拉

生菜含热量低，主要食用方法是生食，是沙拉凉拌菜的当家菜。

材料 Ingredient

原料

生菜	适量
火腿片	50克
哈密瓜丁	适量
莴笋叶	适量
小西红柿	适量
洋葱圈	适量
樱桃萝卜片	适量

调料

蛋黄酱	适量

做法 Recipe

1. 将莴笋叶、生菜、小西红柿分别洗净。
2. 将莴笋叶和生菜铺在盘底，放上洋葱圈和火腿片，摆上小西红柿、哈密瓜丁、樱桃萝卜片。
3. 食用时，将蛋黄酱拌入盘中即可。

小贴士

- 多吃颜色较深的生菜，颜色较深的蔬菜营养价值高。

2 人份 初级入门 4 分钟

无花果熏肉沙拉

生菜中含有钙、铁、铜等矿物质，其中钙是骨骼和牙齿发育的主要营养物质。

材料 Ingredient

原料

无花果	100克
熏肉	80克
生菜	40克
红生菜	40克

调料

食盐	3克
醋	6克
沙拉酱	适量

做法 Recipe

1. 无花果洗净，切瓣。
2. 生菜、红生菜分别洗净撕片。
3. 熏肉切片。
4. 将无花果、生菜、红生菜、熏肉均放入碗中，撒少许食盐，加入醋调味。
5. 食用时加沙拉酱拌匀即可。

小贴士

- 生菜不宜久存，用保鲜膜封好置于冰箱中最多可保存2～3天。

1 人份　初级入门　15 分钟

鸡肉西红柿沙拉

西红柿含有丰富的营养，又有多种功用被称为神奇的菜中之果。它所富含的维生素 A 原，在人体内转化为维生素 A，能促进骨骼生长，防治佝偻病、眼干燥症、夜盲症及某些皮肤病。

材 料 Ingredient

原料

熟鸡肉	120克
西红柿	200克
洋葱圈	适量
葱花	适量

调料

沙拉酱	适量

做 法 Recipe

1. 熟鸡肉切长条。
2. 西红柿洗净，切块。
3. 将西红柿放入碗中，然后依次放入熟鸡肉、洋葱圈和葱花。
4. 食用时，再拌入适量沙拉酱即可。

小贴士

- 未成熟的发青的西红柿尽量不要吃，因为未成熟的西红柿中还有大量的生物碱，可被胃酸水解成番茄次碱，多食会出现恶心、呕吐等中毒症状。

PART 3

海鲜类沙拉

海鲜沙拉中，鱼类与虾类是最为常见的，
因营养丰富、爽口解腻而倍受欢迎。
经过简单的处理，将海鲜除腻解腥之后呈现出食材原有的鲜美风味，
再加入合适的沙拉酱，使其营养而美味。
本章重点介绍了数十种海鲜沙拉的做法，供您参考。

1人份 初级入门 8分钟

鲜虾火龙果沙拉

每100克鲜虾肉中含水分77克，蛋白质20.6克，脂肪0.7克，钙35毫克，磷150毫克，铁0.1毫克，还含有维生素B_1、维生素B_2、维生素E、维生素B_3等。虾米的营养价值更高，每100克含蛋白质39.3克，钙2000毫克，磷1005毫克，铁5.6毫克，其中钙的含量为各种动植物食品之冠，特别适合老年人和儿童食用。虾、小龙虾、对虾都含大量的维生素B_{12}，同时富含锌、碘和硒，热量和脂肪较低。

材料 Ingredient

原料		调料	
虾仁	50克	沙拉酱	适量
火龙果	1个	炼乳	适量
彩椒片	20克		

彩椒

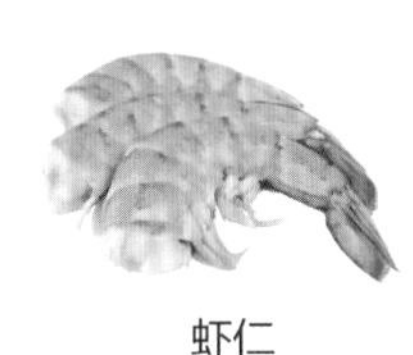

虾仁

火龙果

小贴士

- 虾仁在汆水的时候，不要煮太久，以免影响虾肉鲜嫩的口感。

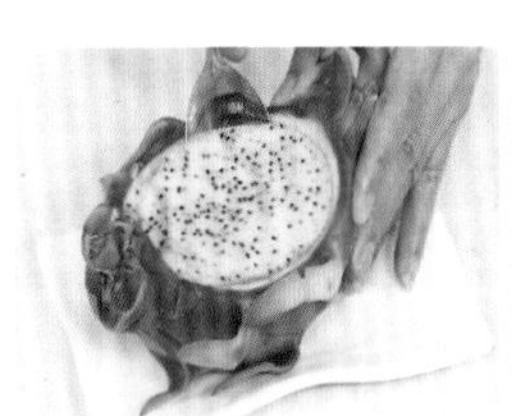

1 火龙果切下一小部分。

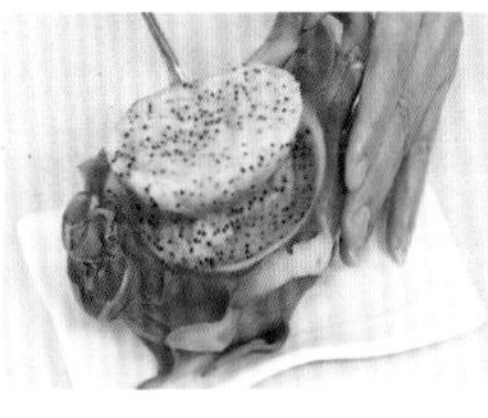

2 用勺子将果肉挖出，制成火龙果盏。

3 把火龙果肉切成小块。

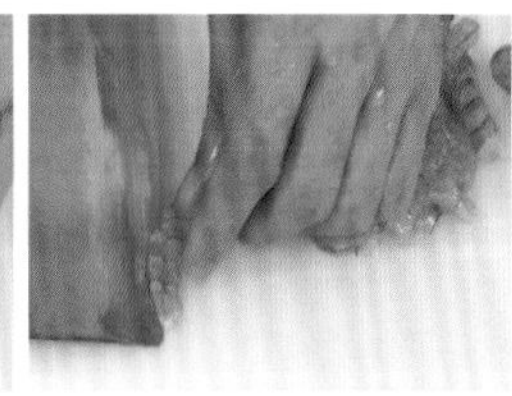

4 把虾仁背部切开，挑去虾线。

5 锅中加约600毫升清水煮开，倒入虾仁。

6 再放入彩椒，煮约1分钟。

7 把煮熟的彩椒、虾仁捞出。

8 取干净的碗，放入虾仁、彩椒。

9 再放入火龙果肉。

10 加入沙拉酱、炼乳。

11 将虾仁、彩椒、火龙果肉和沙拉酱、炼乳搅拌均匀。

12 将拌好的材料盛出，装入火龙果盏即可。

2 人份　初级入门　8 分钟

鱿鱼海鲜沙拉

鱿鱼富含钙、磷、铁元素，利于骨骼发育和造血，能辅助治疗贫血。除富含蛋白质和人体所需的氨基酸外，鱿鱼还含有大量的牛磺酸，可抑制血液中的胆固醇生成，缓解疲劳，恢复视力，改善肝脏功能；所含的多肽和硒有抗病毒、抗射线作用。中医认为，鱿鱼有滋阴养胃、补虚润肤的功能。

材料 Ingredient

原料		调料	
鲜鱿鱼	100克	沙拉酱	20克
虾仁	50克	炼乳	15克
生菜	100克	料酒	少许

小贴士

- 鲜鱿鱼需煮熟透后再食，因为鲜鱿鱼中有多肽成分，若未煮熟透会导致肠运动失调。

鱿鱼

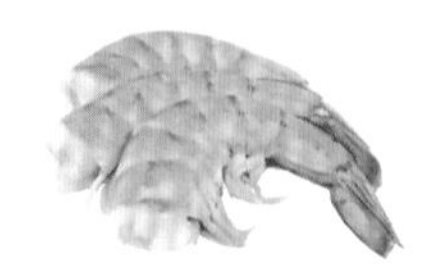

虾仁

生菜

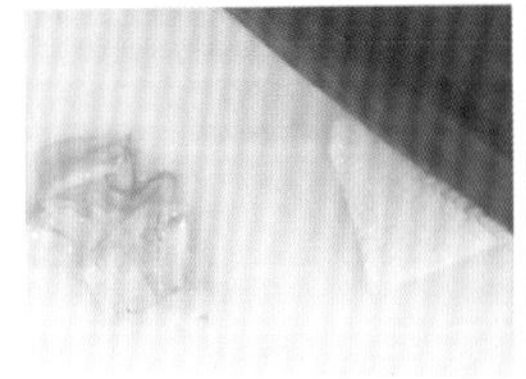
1 洗净的鱿鱼切块，切上网格花刀。

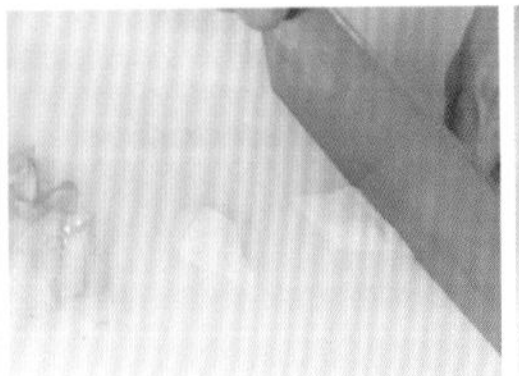
2 再将鱿鱼改切成小块。

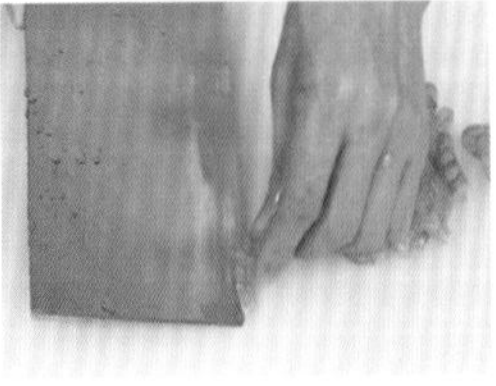
3 把虾仁背部切开，挑去虾线。

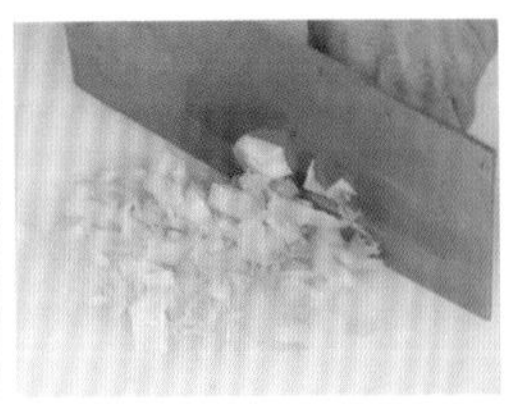
4 将洗净的生菜切丝。

5 锅中加入约600ml清水煮开,倒入鱿鱼,注入少许料酒。

6 加入处理好的虾仁，汆水至虾仁转色。

7 将汆水后的虾仁、鱿鱼捞出。

8 把鱿鱼、虾仁装入干净的玻璃碗中。

9 加入切好的生菜丝。

10 放入沙拉酱、炼乳。

11 用筷子搅拌均匀。

12 把拌好的材料盛入盘即可。

2人份　初级入门　5分钟

爱心金枪鱼沙拉

金枪鱼背含有大量的EPA，前中腹部含丰富的DHA。金枪鱼所含的DHA比例为鱼中之冠，是极佳的健脑食品。

材料 Ingredient

原料

金枪鱼肉（罐装）	适量
西红柿	120克
罗勒叶	适量

调料

橄榄油	适量
食盐	适量
白糖	适量

做法 Recipe

1. 西红柿洗净，切块备用。
2. 将金枪鱼罐头打开，取出鱼肉，沥干汁水后用刀叉绞碎。
3. 罗勒叶洗净，沥干水分。
4. 将西红柿摆入盘中，然后放上鱼肉，饰以罗勒叶。
5. 淋入橄榄油，撒上少许食盐和白糖，拌匀即可。

小贴士

- 购回西红柿后，用抹布擦干净，摺放在阴凉通风处（果蒂向上），一般情况下，可保存10天左右。

美食攻略

金枪鱼的食用方法很多，与绿色蔬菜一起凉拌食用，味道更佳。

西红柿

金枪鱼

罗勒叶

1人份　初级入门　3分钟

香葱金枪鱼沙拉

香葱中维生素C的含量丰富，有舒张小血管、促进血液循环的作用，有助于防止血压升高所致的头晕，还能使大脑保持灵活、预防阿尔茨海默症。

材 料 Ingredient

原料

金枪鱼肉（罐装）	100克
香葱	适量
紫罗勒叶	适量

调料

橄榄油	适量
红酒	适量
柠檬汁	适量
黑胡椒粉	适量

做 法 Recipe

1. 香葱洗净，切葱花；罗勒叶洗净，沥干水分，铺在盘底。
2. 将金枪鱼罐头打开，夹出鱼肉并沥干水分，撕成细丝状。
3. 将金枪鱼肉放在罗勒叶上，撒上葱花。
4. 取一小碟，里面放入橄榄油、红酒、柠檬汁、黑胡椒粉，调成料汁。
5. 待食用时，将料汁淋在食材上即可。

小贴士

- 购买罐装的金枪鱼时要看密封性是否完好。

1人份　新手尝试　4分钟

熏三文鱼沙拉

三文鱼中含有丰富的不饱和脂肪酸，能有效提升高密度脂蛋白胆固醇、降低血脂和低密度脂蛋白胆固醇，防治心血管疾病。

材料 Ingredient

原料

熏三文鱼片	45克
莳萝	适量
奶酪	适量
生菜	适量
红菊苣	适量
芝麻菜	适量

调料

油醋汁	适量
胡椒碎	适量
辣椒粉	适量

做法 Recipe

1. 莳萝、生菜、红菊苣、芝麻菜均洗净。
2. 取一些莳萝用奶酪包起来，放入熏三文鱼片内。
3. 将所有原料装入盘中，撒上胡椒碎、辣椒粉，待食用时，淋入油醋汁即可。

小贴士

- 新鲜的三文鱼摸上去会有弹性，按下去会自己慢慢恢复。不新鲜的三文鱼摸上去则是没有弹性的。

1人份　新手尝试　3分钟

鸡蛋橄榄金枪鱼沙拉

鸡蛋中含有多种维生素和氨基酸，营养易被人体吸收，利用率高达99.6%。

材料 Ingredient

原料

熟鸡蛋	1个
泡橄榄	80克
金枪鱼肉（罐装）	100克
生菜	适量

调料

橄榄油	适量
红酒	适量
柠檬汁	适量
黑胡椒粉	适量

做法 Recipe

1. 打开金枪鱼罐头，取出鱼肉，沥干水，并撕成细丝状。
2. 熟鸡蛋剥壳后切成4小块；泡橄榄洗净后沥干水；生菜洗净，撕好。
3. 将上述食材一一摆入盘中。
4. 取一小碟，放入橄榄油、红酒、柠檬汁、黑胡椒粉，调成料汁。
5. 待食用时，将料汁淋入食材，拌匀即可。

小贴士

- 购买鸡蛋时，将鸡蛋用手轻轻摇一摇，有响声的可能是变质的。

3人份　初级入门　18分钟

虾仁生菜沙拉

虾营养丰富，含蛋白质是鱼、蛋、奶的几倍到几十倍；还含有丰富的钾、碘、镁、磷等矿物质及维生素A、氨茶碱等成分，且其肉质松软，易消化，对身体虚弱以及病后需要调养的人是极好的食物。

材料 Ingredient

原料

虾仁	400克
生菜	适量
土豆	适量

调料

凯撒沙拉酱	适量
料酒	适量
食盐	适量

做法 Recipe

1. 生菜洗净，手撕成小片。
2. 土豆洗净，削皮，切丁，然后放入沸水中焯熟。
3. 虾仁洗净，用料酒、食盐腌渍12分钟，再冲洗几次，入油炒至熟。
4. 将虾仁、生菜和土豆装入盘中。
5. 食用时，再淋入凯撒沙拉酱即可。

小贴士

- 选购虾仁时，首先应注意冻虾仁的外包冰衣表面完整清洁，无溶解现象。好的虾仁肉质应清洁完整，呈淡青色或乳白色，且无异味。

1人份　初级入门　3分钟

柠檬黄瓜金枪鱼沙拉

金枪鱼前中腹部含丰富的DHA。此鱼所含的DHA比例为鱼中之冠，是极佳的健脑食品。

材料 Ingredient

原料

柠檬	少许
黄瓜片	少许
金枪鱼肉（罐装）	100克
樱桃萝卜	少许
生菜	少许
洋葱圈	少许
香葱	少许

调料

橄榄油	14毫升
醋	适量
胡椒粉	适量

做法 Recipe

1. 打开金枪鱼罐头，取出鱼肉，沥干汁水。
2. 柠檬洗净后打上花刀。
3. 樱桃萝卜洗净，对半切开，然后用小刀雕成莲花状。
4. 生菜洗净。
5. 将生菜铺在盘底，然后摆上金枪鱼肉、柠檬、黄瓜片、樱桃萝卜、洋葱圈。
6. 再放入少许香葱。
7. 最后淋入橄榄油、醋，撒上少许胡椒粉即可。

小贴士

- 黄瓜尾部含有较多的苦味素，不要将尾部丢弃，是糖尿病患者首选的食品之一。

美食攻略

淋入少许柠檬汁后再食用，沙拉味道会更好。

金枪鱼罐头

柠檬

黄瓜

2人份　初级入门　12分钟

金枪鱼通心粉沙拉

金枪鱼含有大量肌红蛋白和细胞色素等色素蛋白，脂肪酸大多为不饱和脂肪酸，具有降低血压、胆固醇的功效。

材料 Ingredient

原料

金枪鱼肉（罐装）	45克
通心粉	180克
黑橄榄	适量
小西红柿	适量
青菜	适量
罗勒叶	适量

调料

橄榄油	适量
红酒醋	适量
食盐	少许
白糖	少许
黑胡椒粉	少许

做法 Recipe

1. 小西红柿洗净，对半切开；青菜洗净，切碎；黑橄榄、罗勒叶均洗净。
2. 金枪鱼罐头打开，取出鱼肉，沥干水分后备用。
3. 将通心粉放入沸水锅中煮熟，捞出后放凉。
4. 将上述食材均装入碗中。
5. 淋入橄榄油、红酒醋，撒入食盐、白糖、黑胡椒粉，搅拌均匀即可。

小贴士

+ 金枪鱼制品可在冰箱中冷冻保存30天左右。

美食攻略

制作此沙拉，可以自己买新鲜的金枪鱼烤制。

金枪鱼肉

通心粉

黑橄榄

1人份　初级入门　10分钟

土豆豆角金枪鱼沙拉

土豆含有大量碳水化合物，同时含有蛋白质、矿物质（磷、钙等）、维生素等。

材料 Ingredient

原料

土豆块	140克
豆角	适量
金枪鱼肉（罐装）	适量
西红柿	适量
芝麻菜	适量
香草碎	适量

调料

橄榄油	适量
食盐	适量
白糖	适量
胡椒粉	适量

做法 Recipe

1. 豆角洗净，择好去筋切段。
2. 西红柿洗净，切成小块。
3. 芝麻菜洗净，沥干水分。
4. 金枪鱼罐头打开，取出鱼肉，将汁水沥干。
5. 将土豆块、豆角放入沸水中焯熟，捞出待凉。
6. 将上述食材均装入碗中。
7. 取一小碟，里面加入橄榄油、食盐、白糖、胡椒粉、香草碎拌匀，调成料汁。
8. 将调好的料汁淋在沙拉上即可。

小贴士

- 想减肥的人可以适量以土豆替代主食。

1人份　初级入门　5分钟

金枪鱼鸡蛋沙拉

金枪鱼肉低脂肪、低热量，还有优质的蛋白质和其他营养素，食用金枪鱼食品，不但可以保持苗条的身材，而且可以平衡身体所需要的营养，是现代女性轻松减肥的理想选择。

材料 Ingredient

原料

金枪鱼肉（罐装）	60克
熟鸡蛋	1个
西红柿块	适量
豆角	适量
生菜	适量
黑橄榄	适量
葱花	适量

调料

橄榄油	适量
白醋	适量
芥末	适量
蒜蓉	适量

做法 Recipe

1. 熟鸡蛋剥壳切块。
2. 豆角去筋，洗净焯熟。
3. 黑橄榄切开。
4. 将洗净的生菜铺在盘底，摆入西红柿块、鸡蛋、金枪鱼肉、黑橄榄、豆角、葱花，淋入橄榄油、白醋、芥末、蒜蓉即可。

小贴士

- 金枪鱼不宜保存，应即买即吃。

1 人份　新手尝试　5 分钟

金枪鱼蔬菜沙拉

金枪鱼含有丰富的酪氨酸，有助于生产大脑的神经递质，使人注意力集中，思维活跃。

材料 Ingredient

原料

金枪鱼肉（罐装）	100克
莳萝	适量
生菜	适量
黄瓜片	适量
小西红柿	适量

调料

橄榄油	少许
柠檬汁	少许
白糖	少许
食盐	少许

做法 Recipe

1. 生菜洗净，撕小片；小西红柿洗净，对半切开；将金枪鱼罐头打开，夹出适量鱼肉，沥干汁水；莳萝洗净。
2. 将择洗干净的生菜码在盘底，放上黄瓜片和小西红柿。
3. 将金枪鱼肉夹到蔬菜上面，并加入少许莳萝。
4. 取一小碟，里面倒入柠檬汁、橄榄油，加少许白糖、食盐，拌匀成料汁，淋在沙拉上即可。

小贴士

- 金枪鱼每餐食用量为50~100克。

1人份 新手尝试 5分钟

蔬果金枪鱼沙拉

现代人因紧张的生活节奏、巨大的工作压力、过度疲劳造成的一系列肝病发病率日渐提高。金枪鱼中含有丰富的DHA、EPA、牛黄酸，能减少血份中的脂肪，利于肝细胞再生。经常食用金枪鱼食品，能够保护肝脏，提高肝脏的排泄功能，降低肝脏发病率。

材料 Ingredient

原料

生菜	适量
洋葱条	适量
黄桃	适量
小西红柿	适量
金枪鱼肉（罐装）	120克

调料

橄榄油	13毫升
红酒醋	适量
芥末	适量

做法 Recipe

1. 开罐取出金枪鱼肉，沥干汁水，绞烂。
2. 黄桃洗净去皮，切长条；小西红柿洗净，对半切开。
3. 将洗净的生菜铺在盘底，摆上小西红柿、黄桃、洋葱条、金枪鱼肉，加入橄榄油、红酒醋、芥末拌匀即可。

小贴士

- 金枪鱼肉低脂肪、低热量，还有优质的蛋白质和其他营养素，是减肥者的理想选择。

1人份　初级入门　5分钟

醇香金枪鱼沙拉

金枪鱼含有丰富的EPA（二十碳五烯酸）、蛋白质和牛磺酸，经常食用，能有效地减少血液中的坏胆固醇，增加好胆固醇，从而可预防因胆固醇含量高引起的疾病。

材 料 Ingredient

原料

金枪鱼肉（罐装）　60克
莳萝　少许

调料

橄榄油　适量
蒜泥　少许
食盐　少许
白糖　少许

做 法 Recipe

1. 金枪鱼罐头打开，取出鱼肉，沥干汁水，用勺子将鱼肉绞碎。
2. 莳萝洗净，沥干水分备用。
3. 将鱼肉放入碗中，并放上少许莳萝点缀。
4. 放入橄榄油、蒜泥、食盐、白糖，拌匀即可。

小贴士

- 新鲜的金枪鱼的针骨粗大，用来熬汤滋补效果非常好。

美食攻略

冷冻后的金枪鱼排无需解冻，取出可以直接油炸，食用时味道更特别。

金枪鱼肉

莳萝

大蒜

2人份　新手尝试　5分钟

至味金枪鱼沙拉

青豆含有丰富的蛋白质、叶酸、膳食纤维。

材料 Ingredient

原料

金枪鱼肉（罐装）	100克
熟鸡蛋	4个
青豆	适量
西红柿	适量
黑橄榄	适量
香菜叶	适量
生菜	适量
刺山柑	适量

调料

橄榄油	适量
红酒	适量
柠檬汁	适量
黑胡椒粉	适量

做法 Recipe

1. 从罐头中取出金枪鱼肉，沥干汁水，绞烂。
2. 熟鸡蛋剥壳，每个切成4块。
3. 西红柿洗净，切块。
4. 黑橄榄洗净，切好。
5. 青豆、香菜叶、生菜、刺山柑均洗净，青豆焯熟，沥干水分。
6. 生菜放在盘中，放上金枪鱼肉、黑橄榄和刺山柑，摆上熟鸡蛋、西红柿和青豆。
7. 取适量香菜叶装饰。
8. 取一小碟，加入橄榄油、红酒、柠檬汁、黑胡椒粉拌匀，调成料汁，食用时淋入即可。

小贴士

- 常吃青豆能够降低心脏病以及癌症的患病风险。

1人份　新手尝试　20分钟

烤三文鱼沙拉

三文鱼能有效地预防诸如糖尿病等慢性疾病的发生、发展，具有很高的营养价值，享有“水中珍品”的美誉。

材 料 Ingredient

原料

三文鱼肉	2块
西红柿块	1块
柠檬块	1块
迷迭香	适量
葱花	适量

调料

鱼子酱	25克
柠檬汁	少许
食盐	少许
黑胡椒	少许

做 法 Recipe

1. 三文鱼肉洗净，均匀涂上食盐和黑胡椒，放入烤箱烤熟。
2. 取出三文鱼摆盘，然后再摆入柠檬块、西红柿块、迷迭香，撒上葱花，淋入鱼子酱、柠檬汁即可。

小贴士

- 新鲜的三文鱼入口会感觉到结实饱满，鱼油丰盈，有化口的感觉。至于不新鲜的三文鱼，则入口会有散身和霉烂之感。

2 人份 初级入门 20 分钟

鳕鱼鳄梨沙拉

鳕鱼鱼脂中含有球蛋白、白蛋白及磷的核蛋白，还含有儿童发育所必需的各种氨基酸。

材 料 Ingredient

原料

鳕鱼肉	2块
鳄梨	适量
生菜	适量
芝麻菜	适量

调料

沙拉酱	适量
红酒醋	少许
胡椒粉	少许
食盐	少许
葱花	少许
辣椒面	少许

做 法 Recipe

1. 鳄梨洗净，去核去皮，切小块。
2. 生菜洗净，切丝。
3. 芝麻菜洗净，沥干水分，备用。
4. 鳕鱼肉放入碗中，加入红酒醋、胡椒粉、食盐、葱花、辣椒面，拌匀，腌15分钟。
5. 将鳕鱼放入平底锅中煎至两面微黄。
6. 将生菜、鳄梨、芝麻菜、鳕鱼肉均摆入盘中。
7. 待食用时，再淋入沙拉酱即可。

小贴士

- 鳕鱼特别适宜夜盲症、干眼症、心血管疾病、骨质疏松症等患者食用。

2 人份　初级入门　15 分钟

鸡蛋鲜虾沙拉

鸡蛋是一种营养非常丰富、价格相对低廉的常用食品。它的食用对象相当广泛，从 4 ~ 5 个月的婴儿到老人，都适宜食用鸡蛋。

材 料 Ingredient

原料

熟鸡蛋	1个
鲜虾仁	160克
烤面包	适量
生菜	适量

调料

红酒醋	适量
沙拉酱	适量
奶酪碎	适量

做 法 Recipe

1. 熟鸡蛋剥壳，切块。
2. 烤面包切小块。
3. 生菜洗净，铺在盘底。
4. 鲜虾仁用红酒醋腌渍10分钟，略加冲洗，然后入油锅滑油，捞出盛盘。
5. 然后再放入熟鸡蛋、烤面包，撒上少许奶酪碎，食用时，拌入沙拉酱即可。

小贴士

- 切莫吃生鸡蛋，有人认为吃生鸡蛋营养好，这种说法是不科学的。

1人份　初级入门　20分钟

柠檬盅金枪鱼沙拉

柠檬中含有丰富的柠檬酸，因此被誉为“柠檬酸仓库”。

材 料 Ingredient

原料

柠檬	1个
金枪鱼肉（罐装）	45克
西红柿	适量
玉米粒	适量
青豆	适量
香菜叶	适量

调料

沙拉酱	适量

做 法 Recipe

1. 金枪鱼罐头打开，取出鱼肉，沥干汁水，绞烂。
2. 西红柿洗净，切丁。
3. 玉米粒、青豆均洗净，沥干水分后焯熟。
4. 香菜叶洗净，切碎。
5. 柠檬洗净，将顶部切除，然后用铁勺将瓤肉掏空。
6. 将金枪鱼肉、西红柿、玉米粒、香菜叶、青豆均放入柠檬盅内。
7. 待食用时，淋上沙拉酱即可。

小贴士

- 玉米发霉后会产生致癌物，所以发霉玉米绝对不能食用。

美食攻略

玉米对辅助治疗食欲不振、水肿、尿道感染、糖尿病、胆结石等症有一定的作用。

西红柿

玉米粒

青豆

2 人份　中级掌勺　20 分钟

烤菊苣鲜虾沙拉

虾肉具有味道鲜美、营养丰富的特点，其钙的含量为各种动植物食品之冠。

材 料 Ingredient

原料

菊苣	300克
鲜虾	适量
香菜	适量

调料

沙拉酱	25克
油醋汁	适量
食盐	适量
香草碎	适量
芥菜子	适量
胡椒	适量

做 法 Recipe

1. 香菜洗净。
2. 菊苣洗净，对半切开。
3. 菊苣放在烧烤架上，涂上油醋汁，烤约5分钟至熟。
4. 鲜虾洗净，剥壳去虾头，用食盐腌10分钟，冲洗干净后汆水。
5. 将菊苣、鲜虾、香菜装入盘中，放入香草碎、芥菜子、胡椒，淋入沙拉酱即可。

小贴士

- 在用沸水煮虾仁时，可在水中放一根肉桂棒，既可以去腥味，又不影响虾仁的鲜味。

2 人份　中级掌勺　8 分钟

鲜虾水果球沙拉

哈密瓜有清凉消暑，除烦热，生津止渴的作用，是夏季解暑的佳品。食用哈密瓜对人体造血机能有显著的促进作用，可以用来作为贫血的食疗之品。

材料 Ingredient

原料

鲜虾	260克
西瓜	适量
哈密瓜	适量
雪梨	适量
生菜	适量

调料

食用油	适量
沙拉酱	适量

做法 Recipe

1. 生菜洗净，切碎。
2. 西瓜洗净，切开后挖小球。
3. 哈密瓜、雪梨均洗净，削皮，挖小球。
4. 鲜虾剥壳，去虾头，用牙签剔除虾线，洗净后滑油。
5. 将上述食材均装入盘中，食用时拌入沙拉酱即可。

小贴士

- 搬动哈密瓜应轻拿轻放，不要碰伤瓜皮。受伤后的瓜很容易变质腐烂，不能储藏。

2 人份 初级入门 5 分钟

果酱虾仁沙拉

冬瓜含维生素 C 较多，且钾含量高。

材 料 Ingredient

原料

虾仁	260克
西红柿块	适量
甜椒片	适量
冬瓜片	适量
洋葱圈	适量
黑橄榄	适量
罗勒叶	适量

调料

果酱	适量
红酒	适量
食盐	少许
胡椒粉	少许

做 法 Recipe

1. 将冬瓜片、洋葱圈、虾仁均焯熟。
2. 黑橄榄、罗勒叶均洗净。
3. 将西红柿块、甜椒片、冬瓜片、虾仁、洋葱装盘，放入黑橄榄和罗勒叶。
4. 取一小碟，舀入果酱，再倒入红酒、食盐和胡椒粉拌匀，调成浓汁，淋在沙拉上即可。

小贴士

- 在烹制虾仁之前，可先把料酒、葱、姜与虾仁一起腌渍10分钟。

2 人份 中级掌勺 8 分钟

水蕨鲜虾沙拉

水蕨是一种生长在热水河畔的野生蕨类，口感鲜嫩柔滑，且具有清热、滑肠、降气、驱风、化痰等功效。

材料 Ingredient

原料

水蕨	170克
鲜虾仁	适量
熟鸡蛋	适量
腰果	适量
洋葱圈	适量
红椒段	适量

调料

食用油	适量
鱼露	适量
柠檬汁	适量
白糖	适量
白醋	适量
蒜蓉	适量

做法 Recipe

1. 水蕨用热水浸去苦味。
2. 鲜虾仁洗净滑油。
3. 熟鸡蛋剥壳，对半切开。
4. 将所有食材均装入盘中。
5. 取一小碟，加入鱼露、柠檬汁、白糖、白醋、蒜蓉拌匀，食用时淋入食材即可。

小贴士

- 水蕨常被做水生绿化植物用。可点缀于水沟之边、沼池之中，或地栽为林下植被，也可盆植供室内欣赏。

1人份　中级掌勺　8分钟

香煎鲭鱼沙拉

鲭鱼体内含有二十碳五烯酸（EPA）与二十二碳六烯酸（DHA）。

材料 Ingredient

原料

鲭鱼	100克
西红柿丁	30克
哈密瓜丁	30克
生菜	少许
苦菊	少许
迷迭香	少许
柠檬片	少许

调料

食用油	适量
食盐	3克
胡椒粉	6克
味精	2克
醋	5克

做法 Recipe

1. 苦菊、生菜均洗净，与西红柿丁、哈密瓜丁一同装入盘中。
2. 鲭鱼洗净，沥干水分，撒少许食盐、醋、味精腌渍片刻后入油锅煎至两面微黄，盛入生菜盘中。
3. 柠檬片与洗净的迷迭香一同摆入盘中，撒上胡椒粉即可。

小贴士

- 在煎烤前将鲭鱼放入洗米水中浸泡，再撒上少许的食盐，可以让鲭鱼煎烤后口感更好。

鲭鱼

哈密瓜

苦菊

1人份　初级入门　14分钟

水煮三文鱼沙拉

三文鱼对对于心血管病患者、长期从事脑力劳动者以及学生非常有益。多吃三文鱼可给身体补足所需的各类营养物质，也可舒缓长期工作压力所致的种种不适之感。

材 料 Ingredient

原料

三文鱼肉　1块
柠檬　1片
小西红柿　适量
芝麻菜　适量
生菜　适量

调料

柠檬汁　适量
醋　适量
食盐　适量
胡椒粉　适量

做 法 Recipe

1. 芝麻菜、生菜均洗净。
2. 小西红柿洗净，对半切开。
3. 三文鱼入锅焯熟，沥干水分。
4. 将所有原料装入盘中。
5. 取一小碟，加入柠檬汁、醋、食盐、胡椒粉拌匀，食用时淋上即可。

小贴士

- 过敏体质、痛风、高血压患者不宜食三文鱼。

1人份　初级入门　8分钟

绿豆芽鲜虾沙拉

绿豆芽中含有丰富的维生素C，还富含纤维素，是便秘患者的食疗蔬菜，有预防消化道癌症（食道癌、胃癌、直肠癌）的功效。

材料 Ingredient

原料

绿豆芽	100克
鲜虾	适量
腌芦笋	适量

调料

油醋汁	适量
胡椒粉	少许
奶酪	适量

做法 Recipe

1. 绿豆芽择洗干净，沥干水分，备用。
2. 腌芦笋略加冲洗后切段，备用；奶酪切块。
3. 鲜虾洗净，剥壳，去虾头、虾尾，然后用牙签剔去虾线，再次冲洗。
4. 将鲜虾、绿豆芽、芦笋依次放入锅中汆水。
5. 将绿豆芽铺在碗底，然后放上鲜虾、芦笋和奶酪。
6. 撒上少许胡椒粉。
7. 待食用时，淋入油醋汁即可。

小贴士

- 绿豆芽含有大量的核黄素，可辅助治疗口腔溃疡。

1人份　初级入门　16分钟

鲜虾土豆泥沙拉

马铃薯的营养价值很高，含有丰富的维生素 A 和维生素 C 以及矿物质，优质淀粉含量约为 16.5%，还含有大量木质素等，被誉为人类的“第二面包”。

材料 Ingredient

原料

鲜虾仁	适量
土豆泥	适量
奶酪碎	适量
黄瓜片	适量

调料

油醋汁	适量
食盐	少许
胡椒粉	少许
干迷迭香碎	少许

做法 Recipe

1. 取一只碗倒入土豆泥，加入干酪碎和黄瓜片，拌匀后倒入盘中。
2. 将鲜虾仁用食盐腌10分钟，汆水。
3. 将虾放在拌好的奶酪碎和黄瓜片上，撒入胡椒粉和干迷迭香碎，食用时淋入油醋汁即可。

小贴士

- 虾为动风发物，患有皮肤疥癣者忌食。

4 人份　初级入门　5 分钟

德式洋葱鲱鱼沙拉

洋葱具有降低血糖的作用，且洋葱中所含的半胱氨酸，能延缓细胞的衰老，使人延年益寿。

材 料 Ingredient

原料

鲱鱼肉	500克
洋葱	适量
芝麻菜	适量
罗勒叶	适量
大葱叶	适量

调料

醋汁	适量
食盐	适量
奶酪粉	适量
法式芥末	适量
胡椒碎	适量
芥菜子	适量

做 法 Recipe

1. 鲱鱼肉收拾干净后切块。
2. 大葱叶洗净，切圈。
3. 芝麻菜、罗勒叶均洗净。
4. 洋葱洗净，对半切开，然后再切片。
5. 将鲱鱼肉和洋葱装盘、摆好。
6. 再放入芝麻菜、大葱叶、罗勒叶，撒入奶酪粉、胡椒碎、芥菜子。
7. 取一小碟，加入醋汁、食盐、法式芥末，拌匀，调成料汁。
8. 待食用时，再淋入料汁即可。

小贴士

- 生鲱鱼肉吃起来有一点儿鱼腥味，不是很符合中国人的口味，吃不惯的朋友可以将鲱鱼肉加洋葱粒煎熟后再制成沙拉。

美食攻略

鲱鱼在夏季时肉质最好。

鲱鱼

洋葱

芝麻菜

2 人份　初级入门　8 分钟

泰国干虾沙拉

洋葱是唯一含前列腺素 A 的植物，是天然的血液稀释剂，能扩张血管、降低血液黏度。

材 料 Ingredient

原料

干虾	适量
洋葱	200克
葱白	适量
葱叶	适量
水芹叶	适量
生菜	适量
彩椒	适量

调料

泰国鱼露	适量
柠檬汁	适量
食盐	适量
白糖	适量
花椒粉	适量

做 法 Recipe

1. 干虾提前用温水浸泡1～2个小时。
2. 洋葱洗净，切片，焯水至断生。
3. 葱白洗净，切丝；葱叶洗净，切段。
4. 水芹叶、生菜均洗净，沥干水分，备用。
5. 彩椒洗净，切段。
6. 将生菜铺在盘底 ，然后将其余食材均摆在生菜上。
7. 取一小碟，里面加入泰国鱼露、柠檬汁、食盐、白糖、花椒粉拌匀，调成料汁。
8. 待食用时，淋入料汁即可。

小贴士

- 鱼露味咸，极鲜美，稍带一点鱼虾的腥味，食法与酱油相同。

美食攻略

将干虾换成鲜虾，能让此沙拉更美味。

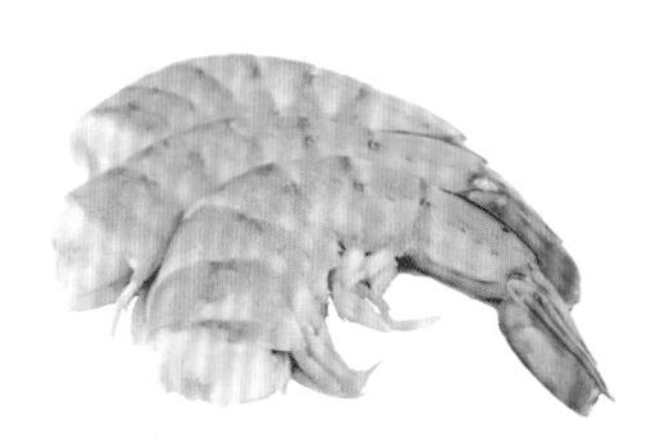

干虾

生菜

彩椒

1 人份　初级入门　15 分钟

小西红柿鲜虾沙拉

虾营养丰富，蛋白质含量是鱼、蛋、牛奶的几倍到几十倍不等；还含有丰富的钾、碘、镁、磷等矿物质及维生素 A、氨茶碱等成分，且其肉质松软，易消化。

材料 Ingredient

原料

小西红柿	适量
鲜虾仁	170克
芝麻菜	适量

调料

食用油	适量
料酒	适量
沙拉酱	适量
胡椒粉	少许

做法 Recipe

1. 小西红柿、芝麻菜均洗净，沥干水分后装入盘中。
2. 鲜虾仁用料酒腌10分钟，冲洗。
3. 将鲜虾放入锅中滑油，捞出盛入装蔬菜的盘里。
4. 撒上少许胡椒粉。
5. 待食用时，淋上沙拉酱即可。

小贴士

- 虾背上的虾线含未排泄完的废物，为不影响食欲，应去除。

1人份　初级入门　15分钟

鲜虾至味沙拉

黄瓜中含有丰富的维生素E，可起到延年益寿，抗衰老的作用；黄瓜中的黄瓜酶，有很强的生物活性。

材料 Ingredient

原料

鲜虾仁	170克
小西红柿	适量
黄瓜	适量
鳄梨	适量
彩椒	适量
莳萝	适量
香菜碎	适量

调料

油醋汁	15毫升
胡椒粉	适量
食盐	适量

做法 Recipe

1. 小西红柿洗净，对半切开。
2. 黄瓜洗净，切小块。
3. 鳄梨洗净，去皮去核，切块。
4. 彩椒洗净，切丁。
5. 莳萝洗净。
6. 鲜虾仁洗净，用食盐腌10分钟，冲洗干净，入沸水中汆熟。
7. 将所有原料装入碗中，撒少许胡椒粉，食用时，淋入油醋汁即可。

小贴士

- 要特别注意的是，在食用虾类等水生甲壳类时如服用大量的维生素C易致人死亡。

2 人份　初级入门　8 分钟

磷虾沙拉

虾中含有丰富的镁，镁对心脏活动具有重要的调节作用，能很好地保护心血管系统。

材料 Ingredient

原料

磷虾	180克
生菜	少许
黄瓜	少许
芝麻菜	少许

调料

食用油	适量
橄榄油	15毫升
柠檬汁	适量
食盐	适量
胡椒	适量
白醋	适量

做法 Recipe

1. 生菜、芝麻菜均洗净，备用。
2. 黄瓜洗净，切片。
3. 磷虾洗净，去虾头，放入热油锅滑油，捞出。
4. 将所有原料装入盘中。
5. 取一小碟，加入橄榄油、柠檬汁、食盐、胡椒、白醋，拌匀，调成料汁。
6. 待食用时，再将调好的料汁淋入沙拉中即可。

小贴士

- 磷虾的蛋白质含量非常高，氨基酸的含量比牛肉、对虾都高。

2 人份　新手尝试　5 分钟

三文鱼刺身沙拉

大多数水果当中，都含有能令肌肤美丽健康的维生素 C，蔓越莓当然也不例外。珍贵的小红莓能一面抵抗自由基对肌肤造成的老化伤害，一面为肌肤添加所需的营养元素，如此双管齐下，想不变年轻美丽都难。

材 料 Ingredient

原料

三文鱼刺身	260克
柠檬片	适量
蔓越莓	适量
黑橄榄	适量
香菜叶	适量
莳萝	适量
生菜	适量

调料

油醋汁	适量

做 法 Recipe

1. 黑橄榄、蔓越莓、香菜叶、莳萝均洗净。
2. 生菜洗净铺在盘底。
3. 将三文鱼刺身、柠檬片、蔓越莓、黑橄榄、香菜叶、莳萝均放在生菜上。
4. 食用时，淋上油醋汁即可。

小贴士

- 将蔓越莓置于袋中，可在冰箱中冷藏保存2~3周； 在不开封的情况下，则可在冷冻中贮存九个月之久。

1人份 初级入门 16分钟

鲜虾面条沙拉

荷兰豆含有丰富的碳水化合物、蛋白质、胡萝卜素和人体必需的氨基酸。

材料 Ingredient

原料

鲜虾仁	适量
面条	130克
胡萝卜丝	适量
荷兰豆	适量
小菠菜	适量
薄荷	适量

调料

黑胡椒粉	2克
橄榄油	适量
千岛酱	适量
食盐	适量

做法 Recipe

1. 荷兰豆洗净，去筋。
2. 小菠菜、薄荷均洗净，沥干水分备用。
3. 鲜虾仁汆水，胡萝卜丝、荷兰豆、小菠菜均焯水。
4. 锅中注水，加少许食盐，放入面条，煮约8分钟至熟。
5. 面条捞出过冷水，沥干水分后放入碗中，拌入适量橄榄油。
6. 再放入鲜虾仁、胡萝卜丝、荷兰豆、小菠菜、薄荷，撒上黑胡椒粉。
7. 待食用时，淋上千岛酱即可。

小贴士

- 虾肉虽鲜美，但多食易发风动疾，因此一次不宜食用过多。

美食攻略

虾应选头尾完整、紧密相连、虾身较挺、有一定弯曲度的，这样的才新鲜。

面条

鲜虾

荷兰豆

1人份　初级入门　7分钟

蔬果虾仁沙拉

青提中含有天然的聚合苯酚，能与病毒或细菌中的蛋白质化合，使之失去传染疾病的能力，尤其对肝炎病毒、脊髓灰质炎病毒等有很好的杀灭作用。

材料 Ingredient

原料

青提	适量
苹果	适量
芝麻菜	适量
生菜	适量
虾仁	35克

调料

食用油	适量
沙拉酱	适量
胡椒粉	少许

做法 Recipe

1. 苹果洗净，切块；青提洗净，沥干水备用。
2. 芝麻菜、生菜均洗净备用。
3. 虾仁洗净后沥干水分。
4. 将虾仁放入油锅中滑油。
5. 将所有原料装入盘中。
6. 撒入少许胡椒粉调味。
7. 待食用时，再淋入沙拉酱即可。

小贴士

- 虾仁滑油时，选用猪油最佳，色拉油也可。

1人份　高级水准　100分钟

酥炸凤尾鱼沙拉

凤尾鱼含有蛋白质、脂肪、碳水化合物、钙、磷、铁、锌、硒等。锌、硒等微量元素有利于儿童智力发育。

材料 Ingredient

原料

凤尾鱼	适量
虾仁	适量
干鱿鱼	适量
生菜	20克

调料

食用油	适量
沙拉酱	适量
食盐	适量
红酒醋	适量

做法 Recipe

1. 生菜洗净，铺在碗底。
2. 凤尾鱼洗净，去内脏，再冲洗干净。
3. 虾仁冲洗干净。
4. 干鱿鱼浸泡30分钟捞出，撕去外膜，切粗丝。
5. 凤尾鱼、虾仁用食盐、红酒醋腌约1个小时。
6. 锅中注油，烧热，放入凤尾鱼、虾仁、干鱿鱼炸香。
7. 将炸好的凤尾鱼、虾仁、干鱿鱼倒在生菜上。
8. 食用时，淋入沙拉酱即可。

小贴士

- 吃鱼前后忌喝茶。
- 凤尾鱼特别适合体弱气虚、营养不良者食用。

2 人份　初级入门　8 分钟

黄瓜鸡蛋鱿鱼沙拉

鱿鱼除了富含蛋白质及人体所需的氨基酸外，还含有大量牛磺酸，可降低血中的胆固醇含量。

材料 Ingredient

原料

黄瓜	适量
熟鸡蛋	适量
鱿鱼	320克
生菜	适量

调料

沙拉酱	适量

做法 Recipe

1. 黄瓜洗净，切条备用。
2. 熟鸡蛋剥壳，然后将其切碎。
3. 生菜洗净，沥干水分。
4. 鱿鱼洗净，剔筋除膜，然后切长条。
5. 锅中注水煮开，然后将鱿鱼放入锅中焯熟。
6. 将生菜铺在盘底，放入鱿鱼、黄瓜和熟鸡蛋。
7. 食用时，淋入沙拉酱即可。

小贴士

- 现在市场上有很多纯白色的鱿鱼，大多都是用漂白剂漂白过的，看起来好像很漂亮，但对身体却是有害的，常食对身体危害很大。

3人份　初级入门　5分钟

熏三文鱼鸡蛋船沙拉

三文鱼中理想的维生素E与多元不饱和脂肪酸的比例为0.4，而三文鱼的这个比例高达0.73，可见它的营养价值之高，营养分配至均衡。瑞典某科学家证实，女性每周吃一次三文鱼，其所患肾癌的可能较其他人要小很多。

材 料 Ingredient

原料

熏三文鱼	适量
熟鸡蛋	4个
水芹叶	适量
莳萝	适量

调料

沙拉酱	适量
白醋	适量
白糖	适量
食盐	适量

做 法 Recipe

1. 熟鸡蛋剥壳，对半切开，将蛋黄取出。
2. 水芹叶洗净。
3. 熏三文鱼切小块，与蛋黄一同放入小碗内，再加白醋、白糖、食盐、莳萝拌匀成馅。
4. 将馅舀入鸡蛋白中，挤上沙拉酱。
5. 在沙拉上饰以水芹叶即可。

小贴士

- 切勿挑选熏制过烂的三文鱼，只需把鱼做成八成熟，这样既保存三文鱼的鲜嫩，也可祛除鱼腥味。

1 人份　中级掌勺　50 分钟

三文鱼扒沙拉

三文鱼的营养价值很高，处于饮食理想值的“黄金比例”。

材 料 Ingredient

原料

三文鱼	1块
柠檬	1片
生菜	适量
樱桃萝卜	适量
蕃茜	适量
莳萝	适量

调料

柠檬烧肉酱	适量
洋葱汁	适量
胡椒	适量
芥菜子	适量

做 法 Recipe

1. 生菜、蕃茜、莳萝均洗净。
2. 樱桃萝卜洗净，用锉刀矬花。
3. 三文鱼洗净，均匀涂抹柠檬烧肉酱腌渍半个小时备用。
4. 将三文鱼放在网架上烧烤，两面不断涂酱，烤约12分钟至熟。
5. 将所有原料装入盘中。
6. 撒入胡椒和芥菜子，淋入洋葱汁即可。

小贴士

- 儿童肠胃功能弱，最好吃熟的三文鱼。

2人份 初级入门 10分钟

章鱼沙拉

章鱼性平、味甘咸，入肝、脾、肾经；具有补血益气、治痈疽肿毒的作用。

材料 Ingredient

原料

章鱼	350克
生菜	适量
彩椒	适量

调料

油醋汁	适量
辣椒面	适量
胡椒粉	适量

做法 Recipe

1. 生菜洗净；彩椒洗净，切段。
2. 章鱼洗净，去筋膜，切好，汆熟。
3. 将生菜铺在盘底，放入章鱼和彩椒。
4. 取一小碗，倒入油醋汁，将辣椒面和胡椒粉倒入碗中，拌匀，调好，食用前淋在沙拉上即可。

小贴士

- 章鱼尤适宜体质虚弱、气血不足、营养不良之人食用；适宜产妇乳汁不足者食用。

2 人份　中级掌勺　10 分钟

鲜虾鳄梨盏

虾中含有丰富的镁，镁对心脏活动具有重要的调节作用，能很好地保护心血管系统。

材料 Ingredient

原料

鲜虾仁	80克
鳄梨	100克
西红柿	80克
葱花	少许

调料

奶油	适量
沙拉酱	适量
鱼子酱	适量

做法 Recipe

1. 鳄梨洗净，取果肉切块，果皮留用成鳄梨盏。
2. 鲜虾仁焯水至熟，剥去壳，取虾仁。
3. 西红柿洗净，切小块。
4. 将西红柿、鳄梨、虾仁放入碗中，加奶油、沙拉酱搅拌，再加鱼子酱拌匀，装入鳄梨盏中，撒上葱花即可。

小贴士

- 鲜虾在入冰箱储存前，先用开水或油氽一下，可使虾的颜色固定，鲜味持久。

1 人份　初级入门　15 分钟

香煎三文鱼沙拉

若常吃三文鱼，患肾癌的几率比不吃三文鱼的人低 74%。三文鱼中提取出的 Ω-3 不饱和脂肪酸可消除损伤皮肤胶原、皮肤保湿因子的活性生物物质，起到防皱纹的功效。

材 料 Ingredient

原料

三文鱼　1块
大葱　适量
西红柿丁　适量
土豆丁　适量
白菜叶　适量

调料

柠檬汁　适量
白酒　适量
沙拉酱　适量
食盐　适量

做 法 Recipe

1. 土豆丁焯水，加西红柿丁拌匀，装入垫有白菜叶的盘中，另一侧放入大葱段。
2. 三文鱼加柠檬汁、白酒、食盐拌匀，腌10分钟后煎至两面金黄，装盘。
3. 食用时淋入沙拉酱即可。

小贴士

- 切记煎三文鱼的时候要用中小火而不能用大火。

2 人份 新手尝试 8 分钟

蟹柳沙拉

香菜含维生素 C、胡萝卜素、维生素 B_1、维生素 B_2 等，同时还含有丰富的矿物质。

材料 Ingredient

原料

蟹柳条	260克
香菜叶	适量

调料

橄榄油	适量
柠檬汁	适量
胡椒粉	适量
食盐	适量

做法 Recipe

1. 蟹柳条去衣，切小块，焯水至八成熟。
2. 香菜叶洗净。
3. 将蟹柳和香菜叶装盘。
4. 取一小碟，加入橄榄油、柠檬汁、胡椒粉、食盐，拌匀，调成料汁。
5. 将调好的料汁淋入沙拉中即可。

小贴士

- 可用山葵沙拉酱代替由橄榄油、柠檬汁、胡椒粉、食盐等调成的料汁。

2人份　初级入门　4分钟

意大利海鲜沙拉

虾的通乳作用较强，并且富含磷、钙，对小儿、孕妇有补益功效。

材料 Ingredient

原料

虾仁	30克
金枪鱼肉（罐装）	70克
梨	60克
腌黄瓜块	40克
香菜	20克
生菜	20克

调料

沙拉酱	40克
醋	少许

做法 Recipe

1. 鲜虾焯水，剥壳取虾仁；金枪鱼罐头打开，取出鱼肉；梨洗净去皮，切块；香菜、生菜均洗净，铺在盘底。
2. 虾仁、金枪鱼、梨、腌黄瓜块放在生菜上，加醋、沙拉酱拌匀即可。

小贴士

- 患高脂血症、动脉硬化、皮肤疥癣等病症者不宜多食。

1人份　初级入门　3分钟

三文鱼水果沙拉

葡萄柚能够滋养组织细胞，增加体力，辅助治疗支气管炎，有利尿、瘦身、提神、缓解压力的功效。

材 料 Ingredient

原料

烟熏三文鱼	50克
葡萄柚	40克
橙子	40克
芝麻菜	少许
罗勒叶	少许
甜菜	少许
石榴籽	少许

调料

油醋汁	适量
橄榄油	少许
沙拉酱	适量
芥末	适量

做 法 Recipe

1. 烟熏三文鱼切薄片。
2. 葡萄柚、橙子均去皮，取果肉。
3. 芝麻菜、罗勒叶、甜菜分别洗净。
4. 将上述食材放入碗中，淋上油醋汁，加少许橄榄油拌匀，撒上石榴籽。
5. 食用时加上沙拉酱、芥末即可。

小贴士

- 买回来的新鲜三文鱼放入冰箱冰一下，大概20分钟，这样肉有冰镇感，除了口感好外，也比较好切。

1人份　新手尝试　8分钟

烟熏三文鱼沙拉

口蘑是一种较好的减肥美容食品。它所含的大量植物纤维，具有防止便秘，促进排毒、预防糖尿病及大肠癌、降低胆固醇含量的作用，而且它又属于低热量食品，一般品种的脂肪含量仅为干重的4.4%。可以防止发胖。

材料 Ingredient

原料

熏三文鱼	200克
口蘑	150克
生菜	适量
莳萝	适量

调料

橄榄油	适量
米醋	适量
柠檬汁	适量
白糖	适量
芥末	适量

做法 Recipe

1. 口蘑洗净，对半切开，焯水至熟。
2. 生菜、莳萝均洗净。
3. 将生菜垫在盘底，然后放上熏三文鱼、口蘑、莳萝。
4. 取一小碟，加入橄榄油、米醋、柠檬汁、白醋、芥末，拌匀，调成料汁，淋在沙拉上即可。

小贴士

- 口蘑中含有多种抗病毒成分，这些成分对辅助治疗由病毒引起的疾病有很好效果。

1人份　初级入门　3分钟

鲜虾西红柿船沙拉

西红柿中的番茄素，有抑制细菌的作用；所含的苹果酸、柠檬酸和糖类，有帮助消化的功能。

材料 Ingredient

原料

鲜虾仁	260克
西红柿	100克
生菜叶	适量

调料

沙拉酱	适量

做法 Recipe

1. 西红柿洗净，切块，将瓤肉剜掉一部分，做成小船状。
2. 生菜叶洗净，切碎。
3. 锅中注水煮开，然后将鲜虾仁放入锅中汆水，捞出。
4. 将西红柿块放入盘中，然后挤入沙拉酱。
5. 再将切好的生菜叶放在沙拉酱上。
6. 最后将鲜虾摆好即可。

小贴士

- 虾线中充满了黑褐色的消化残渣，含有大量细菌。在清洗时，要将虾线去掉，再加工成各种菜肴。这样既卫生，又不失虾的鲜美味道。